Éléonore LLUNA • Damien LECOUVEY

avec la participation de MAUD, gagnante de la saison
« Koh-Lanta 2019 : La Guerre des Chefs »

KOH-LANTA

LE GUIDE DE L'AVENTURIER

Survivre sous toutes les latitudes, faire du feu,
construire un habitat, reconnaître les comestibles,
s'orienter, connaître la météo...

SOLAR
EDITIONS

LES AUTEURS :

Éléonore Lluna

Infirmière de formation et détentrice d'un certificat de qualification professionnelle en randonnée de proximité, Éléonore est passionnée de vie en pleine nature et plus particulièrement d'autonomie. Elle s'est spécialisée dans les techniques de survie. Que ce soit en France au travers des stages ou à l'autre bout du monde lors d'encadrement d'expéditions, elle met sa pédagogie au service de la transmission. Son terrain de jeu de prédilection est l'île déserte.

Damien Lecouvey

Membre de la Société des explorateurs français, diplômé en herpétologie et en préparation physique, Damien consacre sa vie à l'aventure et aux expéditions. Des prélèvements de venins en biotopes isolés jusqu'à l'accompagnement de groupes en jungle ou en milieu polaire, il a su, au fil de ses expériences, parfaire ses connaissances en techniques de survie. Il est aussi intervenant dans de nombreuses émissions télévisées spécialisées.

L'INVITÉE :

Maud, gagnante de la saison « Koh-Lanta 2019 : La Guerre des Chefs »

Maud s'est illustrée en remportant l'édition de Koh-Lanta 2019, « La Guerre des Chefs », face à Cindy.
Cette Belge a entamé l'aventure à 50 ans et s'est hissée jusqu'en finale malgré les échecs successifs de son équipe et les éliminations qui la guettaient après la réunification. Avec son binôme stratège, Cyril, ils se sont soutenus contre vents et marées.
Passer de la vie civile dans son plat pays à des sommets rocheux sud-américains est un jeu d'enfant pour Maud. Elle enfile ses chaussures et s'engage à fond. Aussi, quand on lui demande si elle a passé de bonnes vacances, l'ancienne volleyeuse répond : « Oui, j'en ai bien bavé, c'était super ! »
Maman de deux grands enfants, Maud ne s'est pas métamorphosée en aventurière à Koh-Lanta, mais elle est vraiment devenue l'une des grandes aventurières du jeu de TF1 et nous a apporté son sens du partage, ses conseils, pour ce guide.

INTRODUCTION

L'émission Koh-Lanta vous captive à chaque saison ? Pourquoi ne pas vivre une aventure vous aussi ? Mais soyez prudents ! Trop nombreux sont ceux qui se lancent dans une expédition sans en avoir les moyens physiques, techniques ou matériels. Ce livre va vous préparer pour que vous puissiez l'entreprendre dans les meilleures conditions.

× Vous guider vers l'aventure

La situation de survie est une situation inédite et dégradée, engendrée par un biotope complexe, une blessure, des conditions météorologiques particulières, une déficience matérielle, des lacunes physiques…

Les techniques de survie de ce guide vous donneront les clés pour combler vos besoins primaires, réagir de manière méthodique, vous déplacer en sécurité, en évitant les interactions désagréables avec les animaux et les plantes, ou encore assurer les premiers soins. En maîtrisant ces techniques, vous pourrez davantage profiter des séjours en milieu reculé et des escapades dans la nature.

× Formez-vous, informez-vous et entraînez-vous

Sachez qu'une bonne condition physique ne sera jamais suffisante ! Ne vous méprenez pas pour autant : une personne en très bonne santé et en forme physiquement augmente grandement son « facteur survie », mais un athlète de haut niveau sans connaissance de son environnement et sans technique aura une espérance de vie de seulement quelques heures (minutes ?) dans certains biotopes.

Une grande préparation est indispensable : de la gestion de l'hypothermie à la quête d'eau potable, en passant par la prise en charge des blessures et la sécurisation des déplacements, vous devrez savoir répondre à chaque situation. Si le risque varie en fonction de nombreux paramètres, vos connaissances, votre bon sens et votre détermination à rester en vie seront votre motivation.

× Testez, comparez, expérimentez : le jour J, vous serez mieux préparé !

Ce n'est pas au moment critique qu'il faudra tester toutes les techniques de cet ouvrage. Gardez à l'esprit que la volonté primera sur tout le reste, l'espoir sera alors votre force, votre mantra et votre assurance-vie.

Chaque biotope a ses contraintes, ses dangers, ses points de facilité. Loin d'être un catalogue exhaustif de techniques de survie, ce guide vous en fournira une ou deux particulièrement efficaces par besoin et par biotope.

À vous les expérimentations sur le terrain et la découverte de ces environnements extrêmes et tellement riches !

SOMMAIRE

AVANT-PROPOS

MAUD, GAGNANTE DE LA SAISON DE KOH-LANTA 2019, « LA GUERRE DES CHEFS »

L'aventure en quelques mots...

Tout au long de la saison 2019, Maud a fait preuve de toutes les qualités requises pour l'aventure avec un grand A. Son exemplarité et son témoignage adhèrent parfaitement à la vocation de ce guide, et c'est la raison pour laquelle sa participation à celui-ci sous forme d'une interview est plus que précieuse.

Qui êtes-vous, Maud ?

J'ai 52 ans et suis mariée avec Jean-Luc et mère de nos deux grands enfants, Alexis et Sacha, avec qui nous formons une jolie famille soudée. J'ai toujours été très sportive, embrassant une carrière de professeure d'éducation physique, après avoir passé l'équivalent belge du CAPES. Durant 20 ans, j'ai pratiqué le volley-ball à un bon niveau. Ma vie professionnelle a ensuite évolué vers le domaine médical. Aujourd'hui, j'exerce en tant que commerciale pour une entreprise fournissant du matériel d'imagerie médicale.

Pourquoi avez-vous souhaité participer à l'aventure Koh-Lanta ?

Nous regardons toujours cette émission en famille. Vu leur âge, mes enfants sont nés avec Koh-Lanta et ils savaient que je rêvais de relever ce genre de défi. Comme j'allais avoir 50 ans, à l'initiative d'Alexis mon fils, mes enfants ont envoyé un courrier pour moi. C'était leur cadeau. Dans sa lettre, ma fille Sacha a écrit : « Maman est dingue, prenez-la, ça nous fera des vacances ! » C'est vrai que je suis une maman parfois originale !

À quel moment le goût de l'aventure s'est-il précisé en vous ?

Dès l'enfance et plus précisément chez les scouts. Très jeune, cela m'a passionnée : dans un camp scout, il faut être capable de construire son « paradis sur terre ». Chercher du bois, monter un campement de A à Z, créer son confort. Aventure et entraide y sont les maîtres mots. J'ai adhéré aux valeurs du scoutisme, de dépassement, de connexion avec soi-même et d'ouverture aux autres, venant souvent des quatre coins d'Europe. Koh-Lanta est un contexte génial pour mettre en pratique ces mêmes principes. De plus, ma mère a su aussi éveiller le goût de l'aventure en moi. Mon père nous a quittés et, seule avec ses quatre enfants, maman a toujours trouvé des idées pour rendre l'ordinaire extraordinaire et faire de chaque jour une aventure continuelle.

Quelles sont vos aventures personnelles?

En famille, nous avons fait des road-trips, au Canada et au Costa-Rica, randonné à dos de chameau au Maroc, participé à des stages de parapente, de plongée sous-marine. Nous sommes allés dans le désert d'Uyuni, un désert de sel dans l'extrême sud de la Bolivie, et sommes montés en autonomie jusqu'au Machu Picchu, au Pérou. Mais nous nous sommes aussi exercés comme mushers de chiens de traîneau en Finlande ! On adore tout cela, en gardant toujours une place pour le culturel.

Seule, je m'exprime dans l'alpinisme, les randonnées, le GR20, récemment, et dans des ascensions de sommets : Aconcagua, Kilimandjaro, Elbruz…

Comment concilier aventure et respect de l'environnement?

L'aventure se déroule dans un milieu naturel. Il est essentiel de respecter l'environnement, y compris sur l'île qui accueille le tournage de Koh-Lanta. Les Fidjiens ont encore une grande connexion avec la nature. Cela a un prix de garder intacte la terre qui t'accueille. Récupérer les plastiques, faire attention aux emballages, etc. En alpinisme, quand on gravit l'Aconcagua, on reçoit un sac en plastique dans lequel on doit laisser nos « souvenirs ». C'est une symbiose et il ne faut pas jeter quelque chose de non naturel dans un site qu'on aime.

Les conseils de Maud

D'après vous, quelles doivent être les qualités principales d'un aventurier ?

Avant tout, la capacité d'adaptation, le sens de l'observation et la motivation afin de ne pas subir les contextes qui peuvent parfois être pénibles. On ne doit pas forcément être un spécialiste mais plutôt un buvard qui va absorber les connaissances des autres, s'en imprégner. Quand je regarde évoluer Teheiura, il est dans son jardin. C'est un bonheur de l'observer, et la simplicité avec laquelle il transmet ses connaissances est remarquable.

Faut-il s'entraîner avant de se lancer dans une expédition nature ?

On se prépare très en amont, c'est sûr ! Selon le temps dont on dispose avant l'expédition, on s'entraîne physiquement, et mentalement.

Pour ma part, tant que je n'étais pas certaine d'être sélectionnée pour Koh-Lanta, je ne me suis pas préparée. Au moment où je l'ai appris, je faisais l'ascension du Kilimandjaro. Il se passe très peu de temps ensuite, avant le départ. Dans ce cas-ci, je n'étais peut-être pas la mieux préparée. En effet, j'avais perdu du poids suite à ma semaine d'alpinisme mais je savais que peu manger sur l'île n'allait pas vraiment être un problème pour moi.

Cette sélection, je l'ai toutefois reçue comme un cadeau de la vie.

SE PRÉPARER

Le conditionnement psychologique

Quelle que soit la situation inédite dans laquelle vous vous trouverez, votre mental sera mis à rude épreuve. Stress, anxiété, froid, faim, soif, fatigue physique... toutes ces sensations vont amoindrir votre capacité de raisonnement. Il est donc essentiel de muscler votre rage de vivre ! De nombreux récits de situations critiques prouvent que les rescapés ne sont pas forcément les plus grands ou les plus forts, mais les plus tenaces.

Identifiez votre raison de vivre

La volonté, l'état d'esprit et la résilience sont les notions clés pour vous sortir de situations délicates. Définissez clairement un but avant de partir (un objectif personnel fort, une envie de vous surpasser...). Prenez un objet qui symbolise cet objectif ou mémorisez simplement une phrase. Quand vous penserez avoir tout perdu, ce grigri vous rappellera votre but et vous permettra de vous y raccrocher.

Pensez et parlez positif

Musclez votre mental pour repousser la situation de survie en augmentant votre zone de confort. C'est un travail du quotidien : apprenez à vous concentrer sur ce qu'il vous reste plutôt que sur vos manques ou vos échecs. Par exemple, si vous avez perdu votre couteau, faites un état des lieux : il vous reste un canif pliant et une scie... Vous êtes sauvé !

Voir la situation de manière positive est d'autant plus valable si vous évoluez en groupe. Adressez-vous toujours de manière positive à vos compagnons de route. Par exemple, au lieu de leur dire « ne tournez

RECORD DE KOH-LANTA
Un bon mental est important pour participer à Koh-Lanta. En 2015, Charlie a abandonné au bout de 2 jours !

pas à gauche », dites-leur « tournez à droite ». Le cerveau humain ne connaît pas la négation et, avec le stress, vous risquez de brouiller leur capacité de mémorisation et de compréhension.

Créez des automatismes

En situation de survie, votre corps est soumis à un stress intense. Les réactions hormonales vous font perdre votre capacité de raisonnement au bénéfice de mécanismes de survie primaire : ce sont les réflexes. Grâce à la décharge d'adrénaline, votre temps de réaction sera court : c'est « la phase d'alarme ». Pour réagir, votre corps va puiser dans les réflexes qu'il a ancrés profondément. Votre préparation consiste donc à lui fournir un maximum de réponses à des situations types.

Ancrez des réponses types

Telle une banque de données, listez les incidents qui pourraient vous arriver et répétez inlassablement les gestes-réponses de A à Z, exactement comme vous voudriez les reproduire sur le terrain. C'est ce qu'on appelle le *drill*.

Si vous avez suffisamment ancré une réponse type, vous réagirez de manière adaptée le jour où cette situation vous arrivera. C'est valable dans tous les contextes : même avec une fatigue extrême, vous saurez monter votre campement, adopter la bonne méthode de filtration de l'eau, ou encore allumer votre feu.

Simplifiez vos tâches

Pour faciliter le travail de votre cerveau, qui sera déficient en situation critique, rendez chaque tâche plus simple. Utilisez du matériel qui ne nécessite pas de réflexion. Par exemple, un tarp sera plus facile à monter que la tente dernier cri avec plein de petites options et dont le montage s'approchera d'une notice de meuble !

Standardisez vos rangements

Organisez votre sac par kit et regroupez toujours le matériel destiné à la même utilisation dans la même pochette. Placez systématiquement les éléments au même endroit. Par exemple, mettez vos bidons d'eau sur les deux côtés extérieurs ou votre lampe frontale dans le rabat supérieur de votre sac. Vous créez là encore des automatismes, et donc des réflexes, qui fonctionneront même avec un cerveau déficient.

Préparez des fiches-réflexes

Il n'est pas possible de fabriquer des réflexes pour tous les contextes critiques, mais vous pouvez créer un support externe : un pense-bête, tout simplement ! Pour l'utilisation du matériel complexe et pour chaque procédure que vous maîtrisez mal, créez des fiches-réflexes. Soyez simple, concis, efficace et exhaustif. Ces notices seront également d'une grande utilité pour vos compagnons d'aventure, notamment pour l'utilisation d'un téléphone satellite ou les premiers secours.

Faire redescendre le stress

Pour reprendre vos esprits face à une situation compliquée, vous devez faire redescendre le stress. Les exercices de respiration volontaire sont très efficaces : vous reprendrez le contrôle de votre corps et augmenterez l'apport en oxygène. Inspirez profondément et expirez plus longuement que vous inspirez, ce qui a aussi pour effet de diminuer le rythme cardiaque.

Et, si le contexte le permet, faites une pause de 10 minutes pour marcher, et éventuellement vous éloigner physiquement. Cette coupure vous permettra de prendre du recul sur la situation et d'analyser le problème.

Analyser, c'est déjà trouver un début de solution. Plus que jamais, rappelez-vous de l'importance du mode « pensée positive » !

SE PRÉPARER

L'entraînement physique

Votre bonne forme physique sera un atout majeur pour réussir votre expédition, mais elle ne remplacera pas une réflexion aboutie sur la stratégie de survie à établir. Vous devrez aussi apprendre à vous économiser une fois sur place. Voici comment mettre en œuvre un entraînement adapté à vos objectifs.

Les contraintes

Les caractéristiques des situations de survie

- Des efforts longs de plusieurs jours
- Un climat source d'inconfort physiologique
- Un portage souvent lourd (sac) ou un tirage lourd (pulka)
- Du dénivelé
- La gestion de l'altitude

Adapter son entraînement en fonction des filières énergétiques

Durant l'expédition, les types d'efforts vont faire appel à des filières énergétiques différentes.

- Les efforts d'intensité moyenne, comme un sport d'endurance (la course à pied, par exemple) sollicitent la filière «aérobie» : la destruction des glucides et lipides avec de l'oxygène engendre une production d'énergie pour plusieurs heures.
- Les efforts intenses de moins de 2 minutes, comme dans les sports nécessitant de l'explosivité (la boxe, par exemple), font appel à la filière «anaérobie lactique» : l'énergie passe par les glucides, transformés sans oxygène.

- Les efforts particulièrement intenses de moins de 30 secondes (le sprint, par exemple) sollicitent la filière «anaérobie alactique» du muscle : il n'y a pas d'oxygène dans la production énergétique ni d'acide lactique (déchets métaboliques à l'origine des crampes ou de la sensation de brûlure).

Travaillez la filière «aérobie» pour tous les déplacements et la «filière anaérobie lactique» pour les efforts explosifs (sortir d'une crevasse ou franchir un obstacle, par exemple).

Nos conseils pour votre préparation

Commencez tôt

Plus vous attaquerez l'entraînement tôt avant votre expédition, plus vous laisserez à votre corps le temps de s'adapter à l'effort. Si vous êtes déjà un athlète aguerri, l'entraînement consistera à vous entretenir et à optimiser vos performances. Mais si vous êtes très sédentaire, il faudra commencer parfois jusqu'à un an avant votre départ pour espérer atteindre le niveau requis.

Courez !

Pour développer votre endurance, optez pour la course à pied, idéalement en forêt car elle est plus variée et moins traumatisante pour les articulations que la course sur le bitume (et tellement plus agréable !).

Faiets varier vos sorties de 45 minutes à 2 heures en aisance respiratoire (vous devriez être capable de pouvoir parler en même temps que vous courez), avec des sorties beaucoup plus explosives de type fractionné, durant lesquelles vous alternerez des phases lentes avec des phases rapides.

× Séance de course à pied en fractionné

- *Échauffement de 15 à 20 minutes à allure lente*
- *2 à 3 cycles de 10 alternances de 30 secondes de course très rapide avec 30 secondes de course lente*
- *Vous pouvez aussi travailler en dénivelé : trouvez une grande côte, faites une course rapide dans la montée et une course lente dans la descente.*

× Ne vous écoutez pas trop !

Ces entraînements plus explosifs nécessitent une volonté de fer. Vous pouvez aller bien plus loin dans l'effort que vous ne le pensez ! Restez vigilant cependant aux éventuelles douleurs récurrentes ou chroniques, particulièrement aux articulations.

Pratiquez du renforcement musculaire et de la pliométrie

Les squats, les fentes, le gainage, la musculation vous permettront d'obtenir un corps solide en toutes circonstances.

L'objectif ? Avoir une machine fiable sur laquelle vous pourrez compter même dans des conditions extrêmes.

- Le gainage (exercice qui cible les abdominaux profonds) sert à protéger votre colonne vertébrale sur les marches longues avec sac.
- Les squats renforcent vos quadriceps et fessiers et vous permettent ainsi de mieux appréhender les dénivelés.
- Les dips et les tractions sont utiles pour franchir un obstacle ou sortir d'une crevasse.
- Les burpees (notre préféré !) offrent un renforcement complet y compris pour le développement cardiovasculaire.

Optez pour des entraînements sous forme de circuits qui allient tous ces exercices (voir les tutos p. 16-17) : alternez les temps efforts/repos en enchaînant 3 circuits de 10 exercices.

Exemple : 30/30 (30 secondes d'effort puis 30 secondes de repos), 20/10, 15/15, toujours avec l'idée d'une intensité maximale.

Tuto : le renforcement musculaire

Faites deux tours en 30/30 puis deux tours en 20/10 et deux tours en 15/15

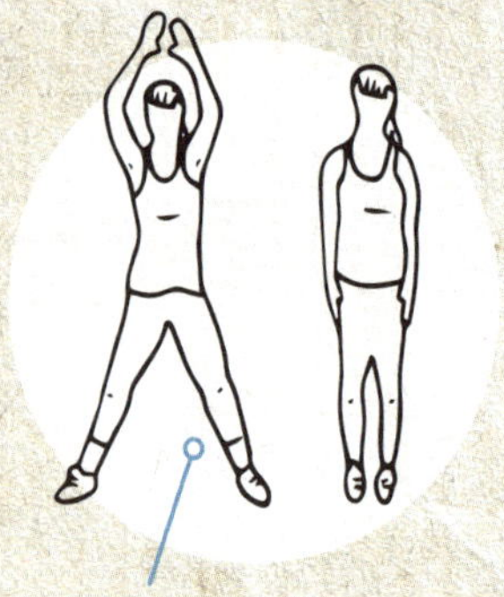

Jumping jacks : essayez de tenir un rythme soutenu.

Squats : pieds placés à 10 h 10, gardez le dos droit et descendez à 90°.

Fentes avant

Tractions : variez la position des mains (écartées, serrées, en pronation ou supination), déverrouillez les bras à la descente, puis soufflez en remontant jusqu'à passer le menton au-dessus de la barre.

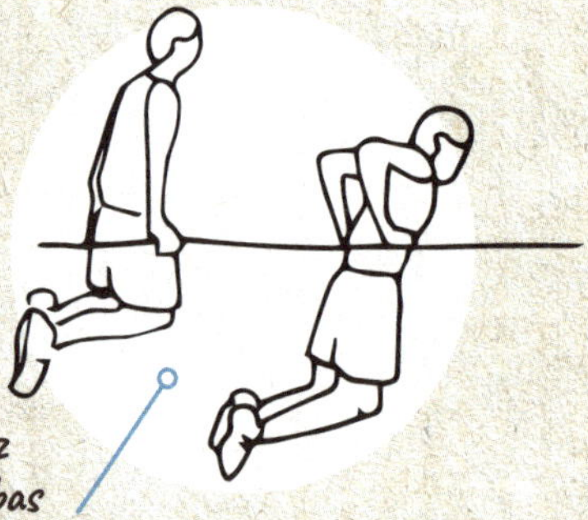

Dips : descendez de plus en plus bas en fonction de votre niveau.

Burpees : veillez à soigner le mouvement sans creuser le dos. Si c'est trop dur, vous pouvez supprimer la pompe et rester bras tendus.

Tuto : la pliométrie

Tous ces exercices sont dits « explosifs » : il s'agit d'alterner très rapidement une phase excentrique (allongement du muscle) avec une phase concentrique (raccourcissement du muscle). La tension musculaire est alors maximale, ce qui engendre une augmentation de la force et de la puissance sans prise de volume.

Facile à mettre en œuvre, l'échauffement doit être soigné, pour éviter toute déchirure musculaire. Les mouvements doivent être précis et corrects afin de limiter l'impact sur les parties squelettiques et tendineuses.

Choisissez un lieu d'entraînement stable et sec pour minimiser les risques de blessures. Bannissez les sols trop mous (de type tatamis), qui n'ont pas une résistance suffisante pour enchainer des impulsions.

Cette méthode de renforcement ne nécessite quasiment aucun matériel. Des barres sur des parcours de santé, ou même une chaise suffisent largement à faire des entraînements de qualité au poids de corps.

Variante de squats où l'on ajoute un saut : attention à amortir à la descente.

Fentes sautées : dos droit, veillez à amortir les réceptions.

Sauts latéraux à une jambe : attention, gardez vos genoux dans l'axe.

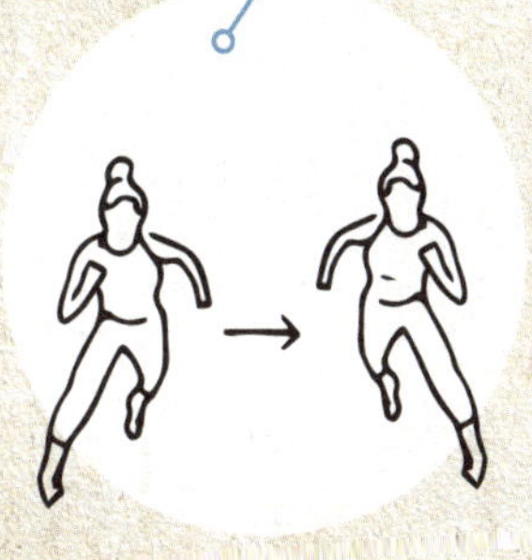

Départ en hauteur, squat amorti plus explosion sur un saut.

Saut sur un appui genou levé : veillez à bien dérouler le pied d'appui.

Faites de la marche lestée

Partez avec votre sac à dos, dont le poids sera proche de celui de votre expédition. Profitez-en pour adapter les réglages du sac.

N'hésitez pas à utiliser des bâtons de marche nordiques qui augmentent considérablement la capacité de vitesse de marche et soulagent les articulations.

L'effort requis sur la glace

Pour l'entraînement au tirage de la pulka (luge contenant le matériel) sur glace, équipez-vous d'un harnais relié dans le dos à une corde de quelques mètres. Récupérez des pneus de motos : percez un trou au centre de la bande roulante et passez un anneau permettant d'en accrocher plusieurs ensembles. Vous pouvez courir en tractant 1 ou 2 pneus, et marcher avec 3 voire 4 pneus.

Prévoyez des temps de repos

Le repos est essentiel et fait partie intégrante de la préparation. Prévoyez une journée de repos par semaine pour une bonne récupération et une meilleure assimilation des efforts demandés à votre corps. Vous limiterez ainsi le risque de blessures. Idéalement, dormez minimum 7 heures par nuit.

Soignez votre alimentation

Hydratez-vous pendant et après les efforts !

Mangez des aliments variés. Si vous ressentez des difficultés pour équilibrer vos menus, faites appel à des professionnels de la nutrition pour vous accompagner et vous conseiller.

> « C'EST TOUJOURS MIEUX DE MANGER UN PEU, RÉGULIÈREMENT. »
> Maud

Pensez à l'entretien et à la prévention

Faites un check-up médical quelques mois avant votre aventure pour vous assurer de votre bonne santé générale et confirmer l'adéquation de votre projet avec votre état de santé. Au-delà des éventuelles vaccinations obligatoires et conseillées, votre médecin vous orientera peut-être vers un spécialiste pour des examens plus poussés (un électrocardiogramme d'effort, par exemple).

APPORTS ÉNERGÉTIQUES QUOTIDIENS

× **Les glucides : 55-60 %**

Stockés sous forme de glycogène dans les muscles, les glucides sont garants d'une bonne récupération et d'amélioration de la performance.

Exemples : légumes, céréales complètes, quinoa...

× **Les protéines : 1 à 1,5 g/kg de votre poids**

Votre apport journalier en protéines (animales ou végétales) doit équivaloir à environ 1 à 1,5 g/kg de votre poids de corps.

Exemples : viande maigre comme le poulet ou la dinde, œufs, poisson (protéines animales) ; légumineuses comme les haricots rouges, les pois chiches ou le soja (protéines végétales).

× **Les « bonnes graisses » : un tiers de votre alimentation**

Elles protègent les organes et aident à l'assimilation des vitamines A, D, E et K (liposolubles).

Exemples : avocat, saumon, graines de lin, de chia, oléagineux...

Et l'acclimatation en haute montagne ?

Sachez que la préparation sportive ne vous protège pas contre le mal aigu des montagnes (MAM) : autant ne pas cumuler la souffrance due à l'effort avec celle de l'altitude.

Le MAM est dû à une diminution du taux d'oxygène dans l'air et engendre des troubles physiologiques. La tachycardie (augmentation du rythme cardiaque) et la polyglobulie (augmentation des globules rouges dans le sang) sont des mécanismes de défense qui s'activent pour lutter contre l'hypoxie (manque d'apport en oxygène au niveau des tissus de l'organisme).

× **Respectez un protocole d'acclimatation**

Gardez une moyenne de 300 à 500 mètres de dénivelé positif (ascension) par jour au-delà de 3 500 mètres d'altitude. Vous serez peut-être amené à passer un col dans la journée vous emmenant plus haut : il faudra alors redescendre pour passer la nuit.

Veillez à ne pas avoir de carence en fer, oligo-élément très utile pour la fabrication des globules rouges. Et hydratez-vous régulièrement !

Les conseils de Maud

Maud, quel est pour vous le matériel essentiel pour partir en « expédition nature » ? Est-ce que cela s'applique aussi à Koh-Lanta ?

Il y a une liste assez restrictive de ce qu'on peut emporter dans son sac à Koh-Lanta, car, en théorie, nous sommes des naufragés. De plus, les habits techniques sont interdits. Alors, je suis partie avec une chemise en jean et un pantalon qui mettaient énormément de temps à sécher, ainsi que le chapeau fétiche qui me suit partout et me rappelle la Belgique.

Personnellement, quel est votre matériel d'aventurière ?

Les nouveautés technologiques, c'est super ! notamment pour les textiles très légers qui sèchent hyper vite. Mais moi, me promener avec un GPS, cela m'ennuie. Je préfère les cartes ou utiliser la boussole ! Je suis de la vieille école. Tant mieux si certains ont des outils plus performants, seulement j'ai l'impression d'être plus active sans cette technologie. J'ai une mauvaise mémoire et utiliser de tels dispositifs amoindrirait mes capacités cognitives. En d'autres termes, utiliser un GPS est pour moi une lobotomisation de mon cerveau…qui n'est pas le plus gros !

Si vous ne deviez emporter qu'un seul objet en expédition solitaire au bout du monde, ce serait… ?

Un couteau ou un canif ! Mais l'objet fétiche pourrait varier selon la région où l'on fait son expédition. Par exemple, avoir un briquet en survie constitue un vrai gain de temps. Tout comme la pierre à feu, mais si je ne pars pas longtemps autant avoir un briquet. Un téléphone satellite, cela peut être bien aussi. Comme maman, quand les enfants étaient plus jeunes, je ne serais pas partie sans moyen de communication. Chaque choix est important.

CRÉER SON KIT

Équipements regroupés par besoin

Un kit, c'est un ensemble d'équipements regroupés par besoin. Structurer votre sac par kit aide à automatiser des procédures, facilite la recherche d'objets et vous assure de penser à l'essentiel avant votre départ. Les besoins sont toujours les mêmes :

En expédition, doublez tous vos kits

« Un c'est rien, deux c'est un ! » Prévoyez une version confort dans votre sac et, dans un kit de survie condensé, une version minimaliste. En cas d'avarie matérielle, ce second kit prendra le relais et comblera vos besoins primaires en toute sécurité.

C'est votre assurance-vie ! Si vous devez quitter votre sac ou votre campement rapidement et en vous allégeant, attrapez votre kit. Vous serez sûr que l'ensemble de vos besoins seront couverts.

× Astuce : le tube en aluminium anodisé

Sous cette forme, le kit sert à la fois de contenant pour vos objets et de contenu, puisqu'il permet à la fois de transporter et de faire chauffer de l'eau, et peut même servir de lanceur pour votre ligne de pêche.

Sélectionnez un équipement fiable et de qualité

Vous devez pouvoir vous appuyer sur votre matériel sans la moindre hésitation : testez-le en amont pour en maîtriser l'utilisation et prendre conscience de ses limites. Rien ne sert de prendre un *firesteel* (pierre à feu) si vous n'êtes pas capable d'identifier de bons initiateurs dans la nature. Dans ce cas, compensez en emportant un allume-feu artificiel et un briquet, tout en étant conscient de la faiblesse de ce dernier face à l'humidité et à la consommation de ses ressources.

CRÉER SON KIT… pour la forêt

Le relief relativement lissé et la progression sans difficulté majeure assurent un emport confortable, sans préoccupation de poids. Les risques, variés, portent sur l'ensemble des besoins, mais ils sont modérés. Vous pourrez donc choisir du matériel solide, résistant et résiliant, même s'il est volumineux ou relativement lourd.

CONNAÎTRE LE BIOTOPE

Indice de dangerosité : 0 — 25 — 50 — 75 — 100 (indice : 25)

× Risques majeurs

- Hypothermie selon les saisons
- Présence d'ours selon les régions
- Erreur d'identification de la nourriture sauvage
- Chute d'arbres

× Points de facilité

- Accès à l'eau
- Accès à la nourriture
- Relative facilité de déplacement
- Ressources naturelles disponibles en abondance

Kit forêt

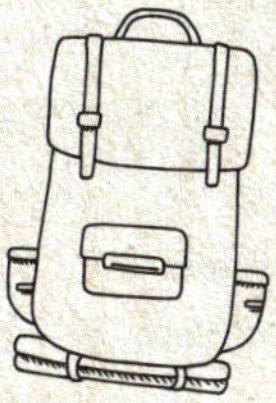

Kit abri

tarp — couverture de survie — tendeurs — sardines — paracorde

Kit secours

téléphone satellite chargé — trousse médicale de base

Kit hygiène

savon d'Alep — carré microfibre

Kit feu

firesteel

Kit eau

préfiltre type Brown bag — tasse métallique — gourde ou bidon

Kit nuit

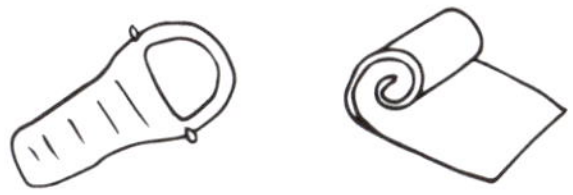

sac de couchage synthétique — carrémat

Kit outils

couteau à lame fixe — scie pliante

Kit nourriture

bouillon cube — farine

Kit orientation

carte — boussole — lampe frontale

Choix des vêtements

Privilégiez des matériaux naturels et rustiques. Le coton est une matière économique et adaptée. La laine, bien qu'un peu plus chère, est très appréciée en forêt. Naturellement ignifugée, elle se tasse très peu. Même humide, elle conserve ses propriétés. Tissée dense ou feutrée, elle devient déperlante. D'autres matières naturelles sont intéressantes : le bambou, la fibre de bois, le cuir… Toutes offrent une bonne tolérance cutanée, une gestion acceptable des odeurs et une résistance au feu et à l'abrasion.

L'outil indispensable : le couteau à lame fixe

Cette lame est votre couteau de camp, votre allié dans vos aventures sylvestres !

Pour bâtonner, couper du bois, réaliser des petits travaux, tailler une pointe, préparer du copeau, creuser… il vous faut un couteau polyvalent !

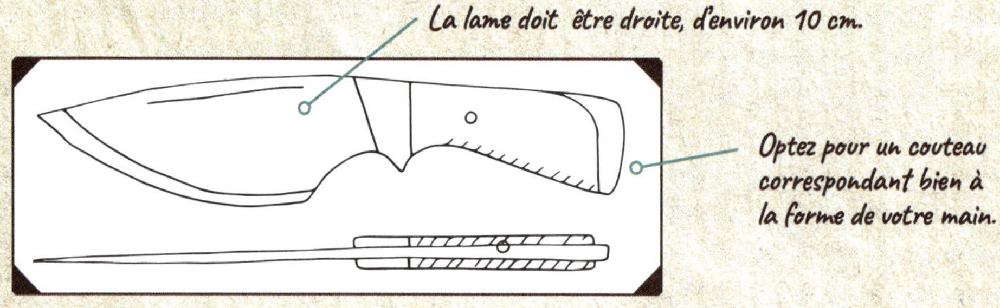

Attention à la taille du couteau : s'il est trop grand, il vous gênera pour les petits travaux, et s'il est trop petit, vous serez limité dans le bâtonnage. Mieux vaut qu'il ait une soie pleine pour une meilleure résistance. Le manche doit avoir une bonne préhension et une matière qui offre une accroche efficace. Un manche qui glisse, c'est jusqu'à 60 % de perte de force dans l'utilisation de votre couteau ! Sans serration (les petites dents), il sera plus facile à réaffuter sur le terrain. Et si le dos de la lame offre une arête suffisamment vive, vous pourrez y gratter le *firesteel*.

CRÉER SON KIT...
pour une île déserte

Sous ses allures de carte postale, l'île déserte est un milieu intransigeant. Généralement située entre l'équateur et les tropiques, la latitude de ces îles rend les rayons UV particulièrement agressifs. Le rayonnement par réverbération au sable ou à l'eau est trop souvent négligé par les aventuriers. Les brûlures peuvent pourtant être gravissimes.

CONNAÎTRE LE BIOTOPE

Indice de dangerosité

0 — 25 — 50 — 75 — 100

× Risques majeurs

- Coup de chaleur/insolation
- Noyade
- Faune marine
- Maladies infectieuses
- Tsunami

× Points de facilité

- Accès à la nourriture
- Peu de déplacements
- Ressources naturelles disponibles en abondance

Kit île déserte

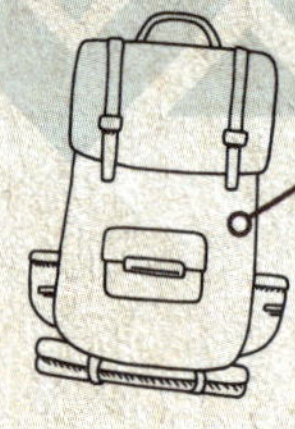

<u>Facultatif</u> :
- masque, tuba et paire de palmes
- pointe de lance
- machette selon le profil des terres

Kit abri

- tarp
- hamac
- moustiquaire
- paracorde

Kit orientation

- boussole
- lampe frontale

Kit nourriture

- grande tapette à souris
- des épices
- kit pêche

Kit eau

- tasse
- dessalinisateur ou filtre à osmose inverse
- bidon à large ouverture

Kit nuit

- sac à viande en coton

Kit hygiène

- savon d'Alep
- crème solaire minérale
- huile végétale (amande douce)

Kit feu

- firesteel

Kit outils

- pince multifonction
- scie fil
- couteau lame fixe
- couteau de plongée
- paire de gants en néoprène

Kit secours

- téléphone satellite chargé
- miroir de signalisation
- trousse médicale de base
- lunettes de solaire ou masque

Choix des vêtements

Choisissez un pantalon en coton ripstop et une chemise à manche longue, à la fois pour le soleil et pour les explorations en jungle (où les feuilles coupantes sont légion). Sélectionnez les lunettes de soleil avec le même soin. Un chapeau à bord large de type chapeau de brousse sera préféré à une casquette pour éviter les chutes d'insectes dans le cou.

Pour la partie aquatique, un T-shirt de protection aux UV (IP50+), des chaussures de type *aquashoes* sont nécessaires pour votre confort et pour éviter les piqûres de poisson-pierre ou de vive. Les gants de plongée en néoprène sont également essentiels pour vos sessions de pêche.

Votre couteau

L'eau salée attaque l'acier, même inoxydable. Pour vous prémunir de la dégradation de votre couteau de camp, envisagez l'emport d'un second couteau, dédié à la plongée, que vous fixerez sur le mollet. Pensez à sécher régulièrement vos lames et les graisser, même avec une huile végétale, pour les protéger de la corrosion.

L'outil indispensable : la crème solaire minérale

Ne lésinez pas sur la qualité. Une texture très couvrante vous assurera une protection satisfaisante. Prévoyez entre 20 et 40 ml par jour par personne et appliquez la crème toutes les 2 à 4 heures.

Les crèmes minérales préservent les fonds marins, là où une crème classique est écotoxique pour l'environnement corallien et la faune.

CRÉER SON KIT...
pour la jungle

Les déplacements peuvent se révéler extrêmes : un climat délicat, mêlant une chaleur étouffante à un taux d'humidité de plus de 90 %, rend les déplacements particulièrement difficiles et usants pour le corps. Les pluies peuvent provoquer un choc thermique ou une hypothermie. Et les animaux peuvent être dangereux !

CONNAÎTRE LE BIOTOPE

Indice de dangerosité

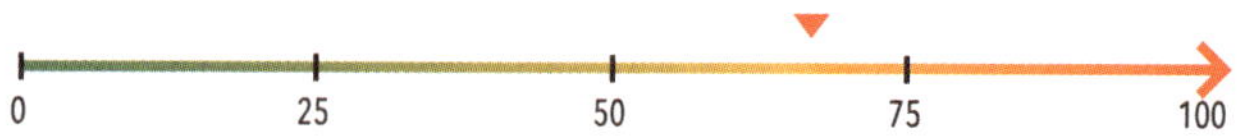

× Risques majeurs

- Coup de chaleur
- Faune
- Parasitose
- Chute d'arbres
- Flore
- Perte de repères

× Points de facilité

- Accès à l'eau
- Accès à la nourriture
- Ressources naturelles disponibles en abondance

Kit jungle

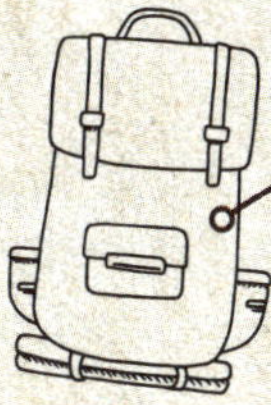

Facultatif :

- sac de couchage léger
- couteau à lame fixe
- nourriture lyophilisée

Kit nuit / Kit abri

tarp — hamac — moustiquaire — paracorde

Kit secours

téléphone satellite chargé — trousse médicale de base

Kit feu

bougie — briquet tempête — firesteel

Kit nourriture

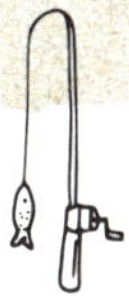

kit pêche

Kit eau

filtre mécanique — tasse métallique — gourde ou bidon

Kit nuit

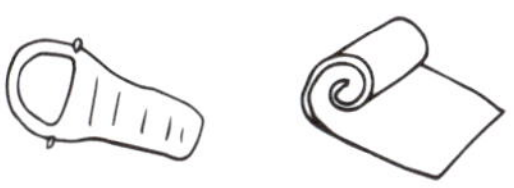

sac de couchage synthétique — carrémat

Kit outils

machette — pierre à affûter

Kit hygiène

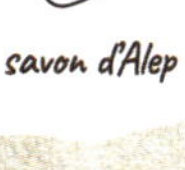

savon d'Alep

Kit orientation

GPS — boussole — lampe frontale

Choix des vêtements

En forêt équatoriale, les vêtements doivent allier résistance, respirabilité et étanchéité. La flore épineuse abime rapidement les vêtements trop fins et techniques comme ceux qu'on peut utiliser en montagne. Optez donc pour un matériau plus lourd mais plus résistant.

Les pantalons de type «treillis militaire» sont rustiques, économiques et adaptés à la jungle. Parfois longs à sécher, ils seront malgré tout un très bon compromis. Pour le haut, préférez une chemise de randonnée fine, car elle permet de se protéger les bras lors des passages dans les herbes hautes particulièrement coupantes (contrairement à un tee-shirt) et de retrousser les manches aux heures les plus chaudes.

Une veste imperméable respirante est utile sous la pluie, mais trop fragile. L'alternative particulièrement inesthétique, mais redoutablement efficace, est le poncho : c'est un très bon allié car il protège en plus votre sac à dos, et s'avère suffisamment polyvalent pour faire office d'abri ou de collecteur d'eau de pluie.

Chaussures montantes en toile

Les chaussures montantes sont idéales car elles protègent des morsures, des épines, et amortissent les chocs au niveau des malléoles. Les chaussures en toile, légèrement plus épaisses que celles qu'on peut utiliser dans le désert, avec une semelle percée de trous grillagés, favorisent l'évacuation de l'eau. Évitez les modèles en cuir, car ils resteront trempés en permanence. Ne négligez pas les chaussettes dans votre sac à dos, prenez-en plusieurs paires afin de faire une rotation, de les laver et de les sécher.

Gardez à l'esprit que vos pieds sont votre assurance-vie, il faudra les traiter avec le plus grand soin. De simples ampoules peuvent prendre des proportions catastrophiques si elles sont mal soignées.

L'outil indispensable : la machette

Prenez-en une assez longue et fine, sans oublier de quoi l'aiguiser. La forme et la taille diffèrent en fonction des pays. La machette longue de type colombienne prend facilement de la vitesse lors des mouvements de coupe et elle peut servir à faire cuire les aliments. Aussi, sa longueur permet d'éviter les épines dans les bras.

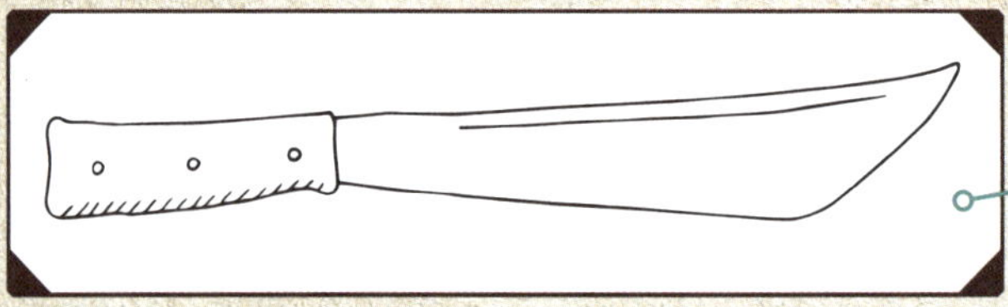

Peu onéreuse, elle doit régulièrement être affûtée.

CRÉER SON KIT...
pour le désert

Redoutable biotope, le désert pousse dans vos retranchements, notamment en matière de gestion de l'eau et de la chaleur. L'amplitude thermique est majeure, la température pouvant dépasser 50 °C et descendre sous 15 °C. Sans eau, un décès surviendra après seulement une ou deux journées. Mais certains peuples ont su s'adapter et trouver des stratégies afin de pouvoir circuler malgré la chaleur.

CONNAÎTRE LE BIOTOPE

Indice de dangerosité

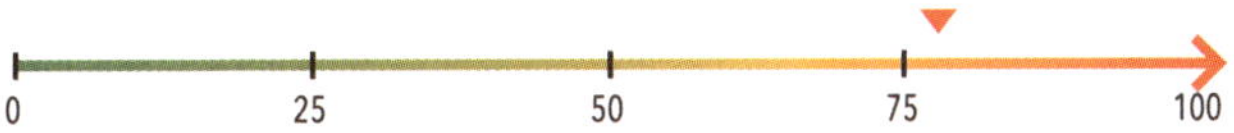

× Risques majeurs

- Coup de chaleur/insolation
- Déshydratation
- Perte de repères

× Points de facilité

- Aucun

Kit désert

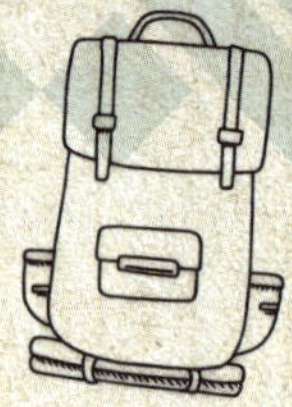

Kit orientation

- carte
- GPS
- boussole
- lampe frontale

Kit nuit

- sac de couchage synthétique
- carrémat

Kit abri

- 2 bâches toilées
- couverture de survie
- paracorde

Kit feu

- lentille de Fresnel
- firesteel

Kit nourriture

- farine
- sel, nourriture riche en fibres et en eau

Kit secours

- téléphone satellite chargé
- trousse médicale de base
- lunettes de soleil ou masque

Kit outils

- couteau à lame fixe

Kit eau

- filtre mécanique
- tasse métallique
- poches à eau de grande capacité

Kit hygiène

- savon d'Alep

Choix des vêtements

Oubliez l'idée de vous dévêtir pour vous déplacer et laissez de côté l'option short/tee-shirt. Prenez plutôt exemple sur les Bédouins ou sur les Touaregs, qui sont de véritables experts de cet environnement.

Comme eux, revêtez deux couches de vêtements : un pantalon fin et une chemise, puis une tenue longue, ample, fine et sombre (le *thoab*). Ces deux couches vont favoriser la convection lors des déplacements dans le désert. Un mouvement d'air va se créer, et la chaleur va s'évacuer par le col : l'air plus frais sera attiré par le dessous. Ce courant d'air va refroidir le corps et aider la transpiration à s'évacuer. Ces vêtements vous protégeront du vent, de la chaleur, des coups de soleil et du sable.

L'outil indispensable : le chèche

Le chèche est un incontournable dans le désert : se protéger la tête est vital. Sans protection, le coup de chaleur ou l'insolation peuvent subvenir en quelques heures. Utilisez un morceau de tissu d'environ 1,30 mètre pour pouvoir l'entourer tout autour de votre tête. Un tee-shirt découpé peut faire l'affaire si vous n'avez pas le matériel adéquat. Associé à une paire de lunette solaire ou un masque, il vous protégera aussi des tempêtes de sable.

Laissez une petite fenêtre pour les yeux.

CRÉER SON KIT…
pour la moyenne montagne

La gestion du poids est une problématique majeure. Vous pouvez opter pour du matériel polyvalent, mais attention à toujours privilégier la résitance par rapport au poids.

CONNAÎTRE LE BIOTOPE

Indice de dangerosité : 0 – 25 – 50 – 75 – 100

× Risques majeurs

- Hypothermie selon les saisons
- Présence d'ours selon les régions
- Erreur d'identification de la nourriture sauvage
- Chute/problème traumatologique

× Points de facilité

- Accès à l'eau
- Visibilité

Kit moyenne montagne

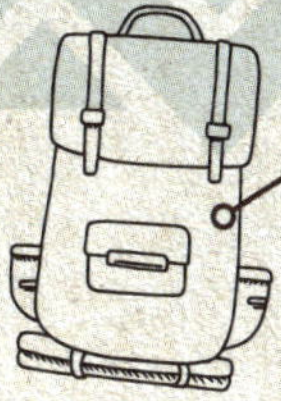

Facultatif :
- sac de couchage léger
- couteau à lame fixe
- nourriture lyophilisée

Kit orientation

- carte
- GPS/altimètre
- boussole
- lampe frontale

Kit abri

- tarp ou tente
- paracorde

Kit hygiène

- savon d'Alep
- crème solaire
- carré microfibre

Kit outils

- couteau à lame fixe

Kit secours

- téléphone satellite chargé
- trousse médicale de base
- lunettes de soleil ou masque

Kit feu

- briquet
- réchaud

Kit eau

- pastilles de purification
- bidon à large ouverture

Kit nourriture

- Popote et nourriture lyophilisée

Kit nuit

- sac de couchage en duvet
- matelas gonflable
- couverture de survie

Choix des vêtements

Privilégiez le besoin de respirabilité des textiles. Tant que vous serez en déplacement, votre corps produira de la chaleur et vous risquez de transpirer : habillez-vous donc de fibres techniques qui évacuent l'humidité.

La laine de type mérinos est un choix judicieux pour la première couche. Dès que vous êtes en phase statique, prévoyez des couches légères et chaudes, comme une polaire ou une doudoune avec une capuche en plume. Si de la pluie est au programme, ajoutez une troisième couche de protection aux intempéries avec une veste imperméable respirante. Un bonnet chaud sera un complément apprécié et facile à mettre ou retirer pour un apport de chaleur important.

Pour la nuit

Un sac de couchage en plumes vous procurera de la chaleur tout en représentant un poids raisonnable. Selon les saisons, en climat tempéré, un duvet confort 0 °C conviendra à la plupart des nuits. Référez-vous à la « température confort » et non à la « limite confort », qui vous promet de passer une nuit… à frissonner !

Dans la plupart des cas, vous ne pourrez pas faire de feu en montagne, par souci d'autorisation ou par manque de carburant. Un réchaud sera donc à prévoir dans votre kit pour cuire vos repas : à gaz, à alcool ou à bois (voir le chapitre « Se nourrir en moyenne montagne »).

L'outil indispensable : la couverture de survie

Favorisez un équipement résistant et réutilisable. À la place d'une couverture isothermique à usage unique (celle avec une face dorée et argentée), vous pourrez investir dans une *space blanket* : une bâche tramée équipée d'œillets aux coins et d'une face aluminisée réfléchissante, offrant les mêmes propriétés que son homologue jetable.

Avec un emport limité, elle vous fournira à la fois un objet de signalisation, la possibilité de créer un « point chaud » pour protéger une victime de l'hypothermie, un abri improvisé et une bâche imperméable.

Une space blanket

CRÉER SON KIT...
pour la haute montagne et le milieu polaire

C'est un milieu intransigeant dans lequel il faut gérer le froid et l'hypothermie avec une météo capricieuse. L'intervention de secours peut être très complexe. Le matériel est donc déterminant. Votre vie en dépend.

CONNAÎTRE LE BIOTOPE

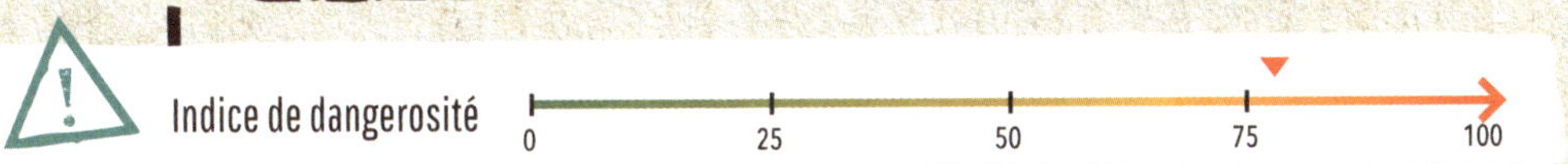

× Risques majeurs

- Hypothermie
- Gelures
- Présence d'ours selon les régions
- Problème traumatologique
- Perte de repères
- Avalanches

× Point de facilité

- Aucun

Kit haute montagne et milieu polaire

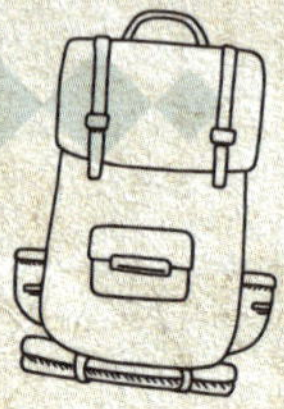

Kit outils

- Corde dynamique de 40 mètres
- Couteau pliant
- Paire de gants
- Mousquetons, sangle, cordelette, baudrier, broches à glace, piolets, crampons

Kit nuit

- matelas gonflable
- sac de couchage grand froid en duvet naturel

Kit abri

- allumettes de survie
- réchaud à gaz avec cartouches spécifiques grand froid

Kit secours

- téléphone satellite chargé
- trousse médicale de base
- lunettes de soleil ou masque

Kit nourriture

- sel et nourriture lyophilisée

Kit feu

- tente quatre saisons
- couverture de survie
- paracorde

Kit eau

- tasse métallique

Kit orientation

- carte
- GPS
- boussole
- lampe frontale

Kit hygiène

- savon d'Alep

Choix des vêtements

La qualité de votre équipement (gants, sous-gants, chaussettes, chaussures…) doit être maximale. Plus de 50 % de la perte de chaleur corporelle se fait par la tête : revêtez un bonnet de qualité ! Le froid peut causer des dommages irréversibles sur les extrémités du corps (mains, pieds, oreilles…).

Inutile de cumuler les couches, respectez la règle des trois couches : un vêtement technique près du corps évacuant l'humidité, un vêtement chaud (laine mérinos ou polaire) et une couche de protection contre les conditions extérieures (généralement, un vêtement imperméable respirant ou une doudoune d'expédition en plumes). Les peuples vivant au plus près des pôles dans des températures extrêmes privilégient la fourrure animale, qui est un des meilleurs isolants contre le froid.

Plusieurs années d'expérience pour évoluer en autonomie

Vous devrez acquérir de nombreuses compétences techniques en complément, telles qu'utiliser du matériel spécifique d'alpinisme, progresser sur glacier en montagne, ou utiliser des skis et la pulka (luge qui sert à porter le matériel) en milieu polaire.

L'outil indispensable : le sac de couchage

Choisissez le sac de couchage en plumes naturelles. Coûteux, il doit être traité avec soin, car il perd ses capacités d'isolation et il est difficile à faire sécher une fois mouillé. Il supporte mal la compression, vous devez donc le stocker décompacté.

Sa capacité d'isolation et son gonflant sont exprimés en cuin *(cubic inches per ounce)* : plus le cuin est élevé, plus le duvet est isolant. Un bon duvet a un pouvoir gonflant supérieur à 700 cuin, avec 80 % de plumes pour 20 % de plumettes (exprimé par le ratio 80/20). Le grammage vous donne également le volume de plume contenu dans votre sac de couchage. Surveillez l'origine des plumes : pour des raisons éthiques, veillez à ce qu'elles soient prélevées sur des canards morts, dont la viande est utilisée.

La référence dans le choix du sac sera la température de confort, dictée par la norme EN13537. À cette température, vous dormirez confortablement, en étant couvert de la tête aux pieds, sans humidité ni vent extérieur. Si vous vous référez à la température « limite confort », vous passerez la nuit à frissonner en position fœtale. Au-delà de la température « extrême », vous risquez la mort par hypothermie.

De nos jours, certains fabricants proposent des sacs de couchage en matière synthétique que l'on peut utiliser par température froide et qui donnent un résultat satisfaisant. Ils ont tendance à être plus lourds et plus volumineux que ceux en matière naturelle, à température égale.

Les conseils de Maud

Quelles recommandations donneriez-vous sur l'hydratation en fonction des différents biotopes ?

L'hydratation est primordiale. On peut ne pas manger mais c'est impossible de ne pas boire ! Il faut bien vérifier son équipement. Sur les sacs, de type *camelbak* par exemple, parfois le tube se bouche ou fait une boucle qui finit par pincer, et on n'arrive plus à boire. On peut se laisser surprendre par la déshydratation. Les signes de déshydratation, ce sont les maux de tête, les vertiges et cela peut aller jusqu'à des vomissements. Ces vomissements sont à éviter évidemment car la perte d'eau et d'énergie sera encore plus importante ! La personne peut devenir pâle, trembler par manque d'eau et non à cause du froid. Faire le bon diagnostic est très important : la personne a-t-elle mangé quelque chose qui ne convenait pas ou le corps ne va-t-il pas bien pour une autre raison ?

Avez-vous une anecdote à raconter sur l'eau durant votre aventure Koh-Lanta ?

C'est presque inexcusable d'être déshydraté sur Koh-Lanta, car on a la chance d'avoir de l'eau potable dans un puits. Il faut boire au moins une gourde d'eau par jour et à côté se faire des jus ou des « tisanes », comme les faisait Cyril. Cela n'a l'air de rien mais c'est important : cela réchauffe et permet de varier nos breuvages. De plus, ces petites tisanes nous apportent des nutriments complémentaires. Nous aurions aimé avoir du lait de coco, malheureusement les noix de coco trouvées sur l'île étaient souvent sèches ou avec un jus imbuvable.

S'HYDRATER

Considérez toujours votre eau comme non potable : quelle que soit la source, traitez-la en conséquence avant de la consommer.

Les risques de la déshydratation

Au bout de 24 heures sans boire, on perd 40 % de ses capacités physiques et cognitives : autant de chances de survie en moins si l'on n'est plus capable de mobiliser ses ressources efficacement !

× Repérez les signes de la déshydratation

- 2 % d'eau manquants : sensation de soif importante, diminution d'environ 10 % des capacités physiques. Les cellules musculaires sont en déficit et sécrètent les toxines qui risquent de provoquer des crampes.
- 5 % d'eau manquants : efforts physiques quasi impossibles, vertiges et augmentation du rythme cardiaque.
- 8 % d'eau manquants : troubles de la parole et salivation inactive.
- 10 à 12 % d'eau manquants : perte des capacités mentales, impossibilité de déglutir... S'hydrater devient une urgence vitale absolue.

N'attendez pas d'avoir soif pour boire

Ritualisez le moment où vous buvez : à chaque halte, sortez votre bidon et buvez une eau potable à température ambiante, par petites gorgées, et environ 50 centilitres par heure par une température inférieure à 38 °C (sinon, buvez le double).

Si vous devez vous rationner en eau, adaptez votre alimentation

Le processus de digestion consomme de l'eau. Favorisez des aliments riches en eau, comme les fruits. Si vous gardez une gorgée d'eau en bouche pendant quelques minutes avant de l'avaler, l'hydratation par les muqueuses sera bénéfique et vous procurera du réconfort.

Les risques liés à une eau non potable

× Choisissez une eau vive

Dans la mesure du possible, choisissez une eau vive (non stagnante), limpide et à distance du bord, où la vase procure un bon substrat nutritif aux micro-organismes. À l'état naturel, l'eau a pu être contaminée par un animal, une déjection, une pollution humaine ou industrielle…

Voici les agents potentiellement polluants et les risques liés à leur ingestion.

- Les parasites : les plus gros organismes, parfois même visibles à l'œil nu.
  Risques : parasitose allant de l'inconfort digestif au décès.
- Les bactéries : des micro-organismes invisibles, de 0,2 à 4 microns.
  Risques : infection allant de l'inconfort digestif au décès.
- Les virus : des agents infectieux invisibles, de 0,02 micron ou moins.
  Risques : infection allant de la pathologie chronique (curable ou non) au décès.
- Les agents chimiques : des polluants de type pesticides, engrais, métaux lourds, souvent liés à l'activité humaine et industrielle.
  Risques : dysfonctionnement des organes, troubles digestifs, cancer, décès.

× Traitez les polluants

Les différentes façons de traiter l'eau, expliquées dans chaque biotope, n'agissent pas sur les mêmes agents contaminants. Voici un tableau récapitulatif.

AGENT CONTAMINANT	MODE DE TRAITEMENT DE L'EAU					
	Macrofiltration p. 48 (forêt)	Microfiltration p. 55 (jungle)	SODIS p. 60 (île déserte)	Traitement chimique p. 62 (montagne tempérée)	Ébullition p. 66 (milieu polaire)	Charbon actif p. 46
Parasites	OUI	OUI	NON	NON	NON	NON
Bactéries	NON	OUI	OUI	OUI	OUI	NON
Virus	NON	NON	OUI	OUI	OUI	NON
Agents chimiques	NON	NON	NON	NON	NON	OUI
Radioactivité	NON	NON	NON	NON	NON	NON

Pour obtenir une eau claire

× Votre eau doit devenir limpide

Laissez l'eau décanter ou filtrez-la grossièrement. C'est ce qu'on appelle la macrofiltration. Quelle que soit la méthode de purification de l'eau choisie, décrite dans les biotopes suivants, l'eau doit IMPÉRATIVEMENT être claire, c'est-à-dire sans particule en suspension visible. Seuls les filtres du commerce (microfiltration) restent efficaces sur une eau trouble. S'il reste des éléments qui troublent votre eau, les bactéries et virus vont s'enkyster et les techniques de purification ne seront pas assez efficaces pour les détruire.

× Le charbon actif pour supprimer les agents chimiques

Le charbon actif se présente sous forme de granulés, de bâtonnets ou de capsules à intégrer à un filtre. Vous en trouverez en magasins spécialisés en matériel de randonnée, en pharmacie ou parapharmacie et en rayon aquariophilie. Il agit comme un aimant et capte les agents dans ses pores. Laissez-le agir une dizaine de minutes (30 minutes dans l'idéal), car ses capacités d'absorption dépendent des polluants (on sait rarement ce qu'il y a dans l'eau). Remplacez-le régulièrement (entre chaque sortie, idéalement), pour éviter qu'il moisisse. Attention, le charbon de bois issu de votre feu n'a pas les mêmes capacités de filtration ou de captation !

Si vous voulez combiner un traitement chimique des virus et bactéries à un traitement des polluants au charbon actif, utilisez toujours votre charbon actif après les pastilles. Si vous ne le faites pas dans cet ordre-là, votre charbon capte le DCCNa de la pastille (son principe actif) et la rend inefficace. Aussi, ajouter le charbon dans un second temps permet de retirer le goût chloré des comprimés.

S'HYDRATER... dans la forêt

Les besoins en eau peuvent varier en fonction des saisons, en raison de l'amplitude importante des températures. L'hydratation reste une problématique majeure. Les sources sont parfois difficiles à trouver, notamment à cause de la végétation qui peut être dense. Vous devrez donc anticiper vos besoins en eau et faire des réserves suffisantes.

1 Où trouver de l'eau ?

- La légende bleue des cartes vous indique la présence d'eau. Pensez à en emporter une. Sinon, faites preuve d'observation pour repérer les ruisseaux, mares ou les petites sources…
- Cherchez en priorité dans les thalwegs et cuvettes, car l'eau va toujours en descendant.
- Repérez les essences d'arbres telles que le saule pleureur, le peuplier ou l'aulne glutineux, révélatrices d'une zone humide.
- Suivez les empreintes d'animaux : si elles se densifient et si plusieurs espèces semblent converger, la zone d'abreuvage est certainement proche.
- Les bouleaux offrent de l'eau au printemps, juste avant que les bourgeons n'apparaissent. La période de récolte s'étale sur 4 semaines environ.

Matériel du kit

- ○ *1 tuyau souple ou une paille végétale*
- ○ *1 couteau ou de quoi percer l'écorce*
- ○ *1 récipient*

Comment extraire l'eau d'un bouleau?

1. Percez dans le tronc de l'arbre un petit trou sur 2,5 à 3 centimètres de profondeur, à environ 1 mètre du sol.
2. Glissez-y un petit tuyau ou une paille végétale. Jusqu'à 3 litres d'eau s'y écoulent quotidiennement. Si l'eau se trouble, c'est qu'il est trop tard pour la consommer.
3. Après collecte, rebouchez l'orifice avec une petite branche taillée du bon diamètre puis coupée à ras.

② Filtrer l'eau : la macrofiltration

Si l'eau récupérée n'est pas claire, réalisez une macrofiltration pour la préparer. C'est la méthode la plus adaptée en forêt. L'objectif est de retirer les éléments visibles en suspension dans l'eau. Après cette étape, elle peut conserver une légère coloration, l'important étant qu'aucun polluant ne soit visible à l'œil nu.

× Par capillarité

L'eau trouble (en haut) est absorbée par des fibres textiles (mèche de coton ou un linge en coton) ou un filtre à café roulé, puis coule vers le contenant du bas.

Matériel du kit

- ○ *2 contenants*
- ○ *des fibres textiles (une mèche ou un linge en coton) ou un filtre à café*

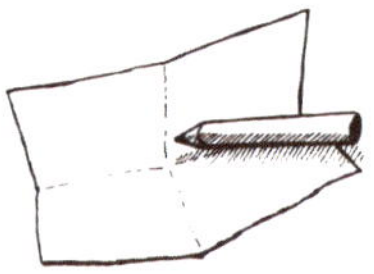

① Placez l'eau trouble dans le contenant du haut.

② Placez un second contenant propre qui sera placé en contrebas.

③ Reliez les deux par des fibres textile ou un filtre à café roulé.

④ Traitez l'eau.

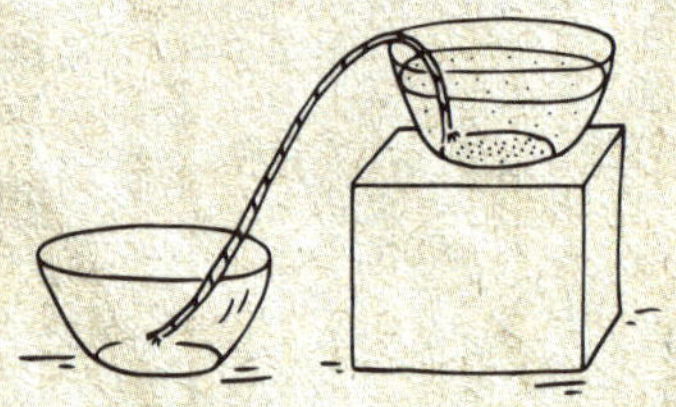

X Par gravité

Matériel du kit

- ○ *2 contenants*
- ○ *un filtre : bouteille avec bouchon*
- ○ *matériau filtrant (mouchoir en papier ou en tissu, sable)*

① Fabriquez un filtre (par exemple, une bouteille coupée en deux et dont vous aurez percé le bouchon en « X »).

② Mettez un matériau filtrant à l'intérieur de votre bouteille (par exemple, un mouchoir en papier ou en tissu, du sable, etc.).

③ Mettez l'eau à filtrer dans la bouteille.

④ Récupérez l'eau qui coulera au goutte à goutte dans un contenant propre.

⑤ Renouvelez l'opération si besoin.

⑥ Traitez l'eau.

Le bouchon est percé, le mouchoir en papier est tassé au fond et sert de filtre. Il n'est pas utile de le remplacer, car les impuretés qui se déposeront au-dessus amélioreront la filtration.

× Le filtre en toile de coton tissée dense

Matériel du kit

- ○ *1 Brown Filter Bag (voir photo ci-dessous), que vous pourrez vous procurer sur les boutiques en ligne ou dans les magasins spécialisés en randonnée.*

① Remplissez le filtre d'eau.

② Attendez quelques minutes que l'eau soit filtrée.

③ Traitez-la avec le procédé de votre choix.

④ Rincez le filtre avant l'utilisation suivante.

L'eau n'est pas potable en l'état : les virus, les bactéries et agents chimiques restent présents. Il faut donc la purifier avant de la boire.

S'HYDRATER... sur une île déserte

Récolter l'eau de pluie est la solution la plus efficace, à défaut d'une source d'eau douce. Au-delà de 35 °C, les besoins en eau sont majeurs : environ 5 litres par jour sont nécessaires au fonctionnement optimal du corps humain. Or qui dit milieu tropical, dit pluies abondantes !

Redoublez de vigilance dans les zones tropicales et équatoriales, car les risques viraux sont importants. La chaleur favorise la prolifération bactérienne et surtout parasitaire. En 10 minutes, même dans de l'eau de pluie, les larves d'insectes peuvent commencer à se développer : filtrez donc votre eau, même grossièrement, avant de la traiter ou de la faire bouillir.

1 Où trouver de l'eau ?

1 Collectez l'eau

Afin de former un collecteur de grande contenance, tendez un tarp pour récolter l'eau s'y écoulant ou créez une cuvette dans le sable pour y déposer une bâche.

Retraitez votre eau filtrée avec des pastilles de type DCCNa ou par ébullition, procédés efficaces contre les virus.

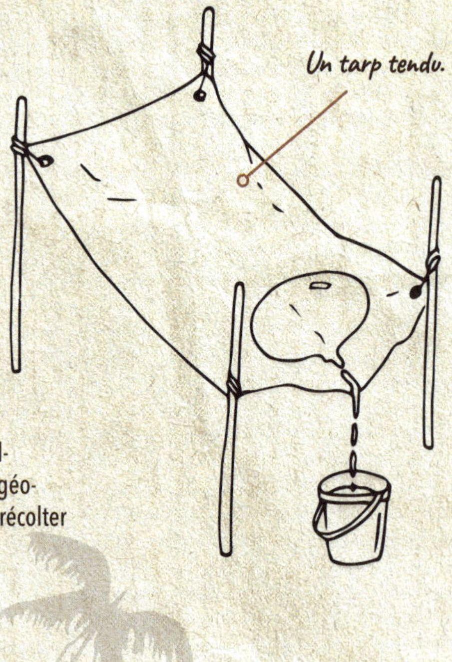

2 Observez les alentours

Recherchez une cuvette naturelle (par exemple, volcanique) ou des falaises : en cas de pluie, le relief géologique offre des gouttières ou une retenue à aller récolter avant le retour du soleil.

2 De nombreuses plantes offrent de l'eau

La noix de coco

Laxative en grande quantité, elle est isotonique et donc mieux assimilée par le corps.

Verte ou plus mûre, elle contient toujours de l'eau.

Le bambou vert

L'eau du bambou n'est pas potable : il faut la purifier avant de la boire.

En le laissant planté au sol, coupez le bambou au sommet puis courbez-le pour récupérer l'eau dans un récipient durant la nuit.

Le bananier

Le plan produit jusqu'à 1 litre d'eau par jour durant 3 à 4 jours. Même si elle est amère, cette eau est potable.

Coupez le bananier sans fruits à 30 cm au-dessus de la base. Creusez la souche pour en faire un gros bol : l'eau des racines apparaît.

Le pandanus

La plante ne produit pas d'eau, mais la forme de ses feuilles forme au sommet un entonnoir naturel.

Récoltez la pluie qui s'accumule en bonne quantité dans les feuilles.

③ Filtrer l'eau de mer

À cause de la salinité, boire de l'eau de mer provoque une déshydratation cellulaire. Elle ne peut donc pas être consommée telle quelle. La méthode du four solaire (voir la partie « S'hydrater dans le désert ») peut éventuellement être utilisée… mais avec un résultat très médiocre !

Voici trois méthodes efficaces pour enlever le sel de l'eau de mer.

① Le filtre à osmose inverse

Les filtres à osmoses inverse fonctionnent généralement sur secteur. Pour des raisons évidentes, ils conviennent rarement à notre utilisation. D'autres, sous forme de pochons, contiennent un soluté fortement dosé en minéraux. L'eau de mer se déplace alors à travers une membrane perméable pour équilibrer les concentrations. L'eau récupérée dans la poche est donc fortement sucrée, mais dessalée et débarrassée des virus et bactéries.

Les filtres sont à usage unique et sont très onéreux (environ 5 à 15 € le filtre d'une capacité de 300 millilitres), mais c'est une solution de secours appréciable sur un canot de sauvetage ou au fond de votre sac.

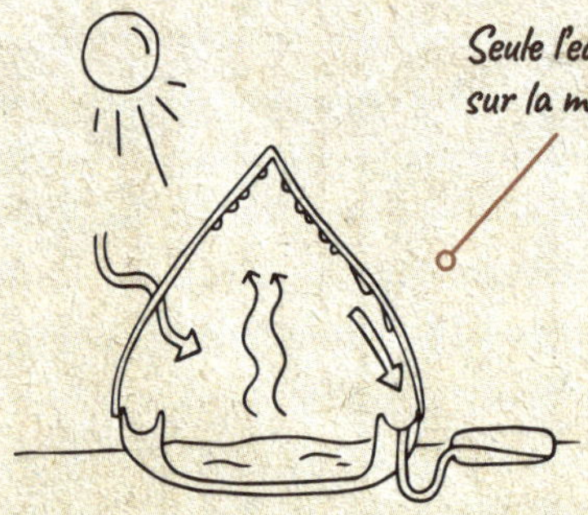

Seule l'eau non salée se transforme en vapeur et se condense sur la membrane avant de s'écouler dans une poche collectrice.

② Le dessalinisateur

Présenté sous forme de dôme, ce dispositif fonctionne par condensation. Laissez-le à la surface de l'eau où la chaleur fait évaporer l'eau de mer. Il peut être acheté en magasin spécialisé en matériel nautique.

③ L'alambic

Le système d'alambic utilise la condensation pour dessaler l'eau de mer. La difficulté majeure est de rendre l'ensemble le plus étanche possible afin de limiter les déperditions.

Matériel

- ○ *2 bouteilles*
- ○ *1 tuyau*
- ○ *du scotch*

① Remplissez à moitié la bouteille contenant l'eau de mer.

② Positionnez-la sur des braises ou dans un bain-marie.

③ Enveloppez le tuyau d'un linge humide pour le rafraîchir et optimiser la condensation.

④ Surélevez légèrement la seconde bouteille vide par rapport à la première.

Un système d'alambic lors d'une expéditiion.

S'HYDRATER...
dans la jungle

En forêt humide, la chaleur et l'humidité augmentent nos besoins en eau. Bien souvent, il faut boire au moins 4 litres par jour. 90 % de notre capacité à nous refroidir passe par la transpiration : elle engendre une perte d'eau qui varie en fonction du degré de chaleur ressenti par le corps, mais aussi de l'acclimatation. En résumé : plus vous serez habitué aux fortes chaleurs, moins vous transpirerez.

⚠ En cas de déshydratation, vous perdrez la capacité de réguler efficacement votre température, ce qui vous rendra moins réactif, moins efficace et moins fort physiquement.

1 Où trouver de l'eau ?

Privilégiez les rivières ou les sources avec de l'eau en mouvement. Comme d'habitude, soyez opportuniste et faites l'approvisionnement en eau dès que les occasions se présentent.

× Collectez l'eau

Vous pouvez collecter l'eau de pluie facilement avec un poncho tendu, votre tarp ou une grosse section de bambou fendu… mais l'eau issue des précipitations est très peu minéralisée. Mieux vaut donc compenser ce manque de sels minéraux en la salant légèrement ou par un apport dans l'alimentation.

Si vous voyez des empreintes d'animaux se densifier, en particulier si plusieurs espèces semblent converger, la zone d'abreuvage est certainement proche.

× Les lianes à eau

⚠ Toutes les lianes ne sont pas consommables ! Identifiez formellement toutes les plantes (voir le chapitre « Se nourrir »), sans laisser de place au doute. N'ingérez jamais de liane dont la sève est blanchâtre, d'aspect laiteux ou si elle ressemble à un latex : elles sont généralement toxiques.

La plus courante est la liane «chasseur», identifiable à son écorce tirant sur le rouge. Avec un morceau de 1 mètre par 10 centimètres de diamètre, vous obtiendrez environ 25 centilitres d'eau.

En cas de doute, abstenez-vous absolument de la consommer !

Avec votre machette, coupez un tronçon de liane d'environ 1 m, en haut puis en bas. Vous pouvez directement la consommer.

② Filtrer l'eau : la microfiltration

× Première étape : la macrofiltration

La chaleur favorise la prolifération bactérienne et surtout parasitaire. En quelques dizaines de minutes, même dans de l'eau de pluie, les larves d'insectes peuvent commencer à se développer : filtrez donc votre eau, même grossièrement, avant de la traiter ou de la faire bouillir.

⚠ Redoublez de vigilance dans les zones tropicales et équatoriales, car les risques viraux sont importants. Vous pouvez retraiter votre eau filtrée avec des pastilles de type DCCNa ou par ébullition, procédés efficaces contre les virus.

× Seconde étape : la microfiltration

Optez pour un filtre mécanique, de préférence, car il permet de purifier un volume d'eau important. Les étapes varient en fonction des modèles et des marques. Reportez-vous au mode d'emploi. Le procédé mécanique est simple : le liquide passe par une membrane ou une matière microporeuse. Tout ce qui est plus gros que les micropores est retenu. Les agents bactériens ou parasitaires sont donc filtrés : seuls l'eau et les agents plus fins sont récupérés.

La majorité de ces filtres ont une capacité de 0,2 micron, ce qui les rend inefficaces sur certains virus, comme celui de l'hépatite C, qui mesure 0,04 à 0,1 micron. L'eau est consommable immédiatement après filtration et aucun délai n'est nécessaire.

Choisissez votre filtre en fonction de vos contraintes, notamment la quantité d'eau à filtrer : vous n'utiliserez pas le même filtre selon que vous êtes seul ou en groupe.

Les différentes formes de filtres

- Les pailles filtrantes : elles sont légères, peu encombrantes, mais doivent être plongées directement dans une source d'eau. Elles ne peuvent pas toujours être lavées, et ne permettent pas de stocker de l'eau traitée d'avance.
- Les pompes : suivant le matériau, elles sont plus ou moins lourdes et surtout plus encombrantes. Elles sont souvent lavables, ce qui augmente leur durée de vie, et vous pouvez ajouter une cartouche de charbon actif. Elles permettent de stocker une eau traitée dans un bidon et offrent un débit relativement important.
- Les poches avec embout filtrant : certaines fonctionnent par gravité, ce qui diminue le débit mais a l'avantage de ne demander aucun effort. Elles sont généralement assez légères mais encombrantes.

Nettoyez régulièrement votre filtre si sa conception le permet, sinon il sera saturé et vous aurez beaucoup de mal à pomper. Un entretien régulier augmente sa durée de vie.

Les avantages et les inconvénients des matériaux qui composent les filtres

LA CÉRAMIQUE équipe généralement des filtres à pompe, imprégnés d'argent, qui stoppent la prolifération des bactéries lorsqu'on stocke l'eau.		LES FIBRES DE VERRE équipent généralement des modèles à pompe, certaines gourdes filtrantes ou par gravité.		LES FIBRES CREUSES équipent le plus souvent les pailles filtrantes ou certaines gourdes.	
Avantages	Inconvénients	Avantages	Inconvénients	Avantages	Inconvénients
• Filtre nettoyable • Usure du filtre mesurable • Filtre les bactéries à 0,2 micron • Permet de collecter de l'eau pour la stocker	• Prix élevé • Effort de pompage important • Efficacité variable sur les virus • Craint le gel	• Économique • Effort de pompage faible • Filtre les bactéries à 0,2 micron • Permet de collecter de l'eau pour la stocker • Poids réduit	• Durée de vie limitée • Filtre rarement nettoyable donc inadapté à une eau trouble • Efficacité variable sur les virus	• Économique • Poids réduit • Filtre les bactéries à 0,2 micron	• Filtre non nettoyable, donc inadapté à l'eau trouble • Efficacité variable sur les virus • Ne permet pas de stocker l'eau • Effort important pour aspirer l'eau • Durée de vie très limitée

Le filtre céramique est lourd, mais sa durée de vie et sa fiabilité le rendent totalement adapté à l'expédition, surtout si on en fait une utilisation de groupe.

S'HYDRATER...
dans le désert

Savane en période sèche, désert de sable, canyon... Il est extrêmement difficile de trouver de l'eau dans ces régions où la pluviométrie est inférieure à 200 voire 100 millimètres par an. Les besoins en eau peuvent dépasser 10 litres par personne et par jour.

Sans chameaux, dromadaires ou véhicules, il est inconscient de partir en autonomie plusieurs jours dans le désert, car vous n'avez pas la capacité de portage suffisante pour assurer le stock d'eau nécessaire à votre survie.

Conseils pour s'hydrater en milieux arides

- Comme les Bédouins, qui boivent du thé chaud plusieurs fois par jour, évitez de boire frais, à condition d'avoir des quantités d'eau suffisantes. La boisson chaude provoque une augmentation de la température corporelle, ce qui va engendrer la transpiration et ainsi abaisser la température du corps.
- Si vous devez vous rationner, évitez autant que possible de boire en journée et privilégiez la venue du soir et des températures plus douces pour boire : de cette façon, l'eau ingérée ne servira qu'à l'hydratation et pas à la régulation thermique.
- Pour tromper la soif, sucez un caillou. Ce geste activera la salivation et supprimera la sensation de sécheresse buccale. Vous ne serez pas mieux hydraté, mais vous le supporterez avec plus de facilité !

1 Où trouver de l'eau ?

× La condensation

L'écart de températures entre le jour et la nuit engendre une condensation : la rosée du matin peut donc vous fournir un faible apport hydrique. Vous pouvez récupérer l'eau sur tous les objets « frais » : pierres, tissus ou objets en métal.

× Le puits solaire

Il fonctionne de manière inégale selon le taux d'humidité ambiant et la température, mais cela vaut le coup d'essayer si l'effort de construction n'est pas trop impactant.

Placez de la végétation, de l'urine, de l'eau de mer (tout ce dont vous souhaitez extraire l'eau) sur la bâche.

Vous pouvez également ne rien mettre et récupérer la condensation issue du sol. Selon les conditions, il est possible de collecter 100 à 250 millilitres d'eau par jour, mais cette technique fonctionne difficilement dans ce biotope si l'on compte seulement sur l'évaporation de l'eau présente dans le sol !

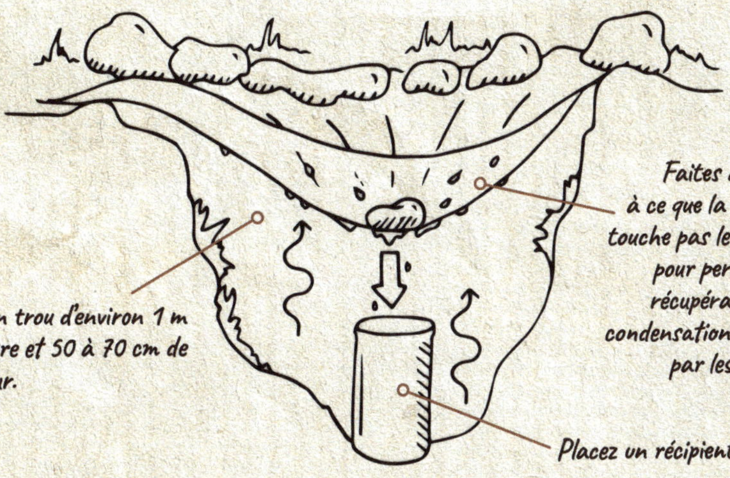

× Sous le sol

Certains nomades savent trouver de l'eau entre les dunes : il faut creuser au point le plus bas. Cette technique est particulièrement efficace entre des dunes très hautes.

Dans la savane, observez les mammifères, car ils savent où trouver de l'eau. Tout comme nous, ils ont besoin de ressources hydriques importantes.

Dans les oueds ou dans les canyons asséchés, creusez dans les méandres jusqu'à ce que vous tombiez sur un sable plus foncé. Laissez le trou se remplir de liquide : vous n'aurez plus qu'à collecter et traiter.

× Dans les plantes

Vous pouvez utiliser l'eau contenue dans les cactus. Mais, attention, certains sont très toxiques, donc comme pour toute consommation de végétaux, assurez-vous à 100 % de la comestibilité de votre cactus.

Voici trois cactus riches en eau et comestibles. Coupez une partie de ces fruits pour récolter l'eau contenue à l'intérieur.

Le melon du Namib (Acanthosicyos horridus)

Le cactus baril (Ferocactus wislizeni)

Le figuier de Barbarie (Opuntia ficus-indica)

② Purifier l'eau : la méthode SODIS

La méthode SODIS utilise les rayons UV du soleil pour détruire les virus et les bactéries.

① Versez l'eau claire dans des bouteilles en plastique PET (type bouteilles d'eau minérale).

② Secouez chaque bouteille quelques secondes pour l'oxygéner. Cette étape permet d'éliminer les premières bactéries anaérobies.

③ Placez les bouteilles en plein soleil durant 6 heures. L'eau est ainsi débarrassée de la totalité des virus et bactéries.

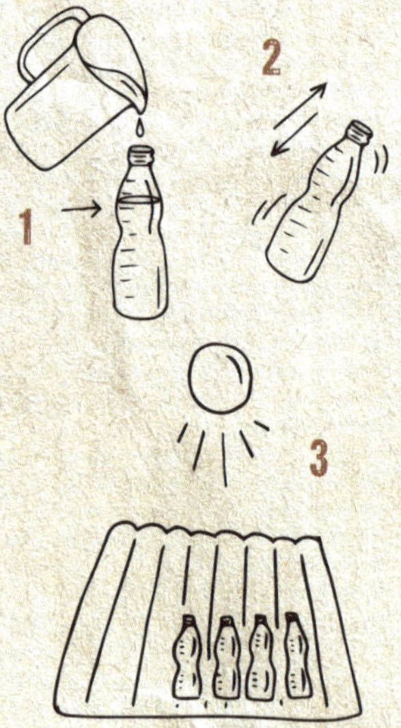

CONSEIL DE L'AVENTURIER

Boire son urine ?

C'est une mauvaise idée ! En théorie, vos urines restent consommables les 15 minutes suivant l'émission, et peuvent permettre de gagner quelques heures d'hydratation. Ce n'est clairement pas une situation souhaitable, et la filtration ou la purification ne changeront rien à la concentration de vos urines.

Lorsqu'on est déshydraté, les urines deviennent très foncées, signe qu'elles sont concentrées en urée et en déchets de l'organisme. Stériles au départ et durant 15 minutes, elles sont ensuite contaminées par les nitrites qui se forment à l'air libre. Pour éliminer ces déchets, vos reins doivent énormément travailler et risquent à terme de s'abîmer. Aussi, vous risqueriez de vomir, ce qui augmenterait votre déshydratation. Bref, à éviter !

S'HYDRATER... en moyenne montagne

En fonction de l'effort physique, les besoins en eau en moyenne montagne peuvent être conséquents. Vous devrez au minimum prévoir 3 litres par jour.

1 Où trouver de l'eau ?

Fiez-vous au relief, et descendez. L'eau se trouve dans les thalwegs : c'est la ligne de rassemblement des eaux, qui se trouve au fond des vallées. Entre les sources, les rivières de montagne et la rareté des sources de pollution, vous trouverez à coup sûr de l'eau claire.

2 Purifier l'eau : le traitement chimique

Si vous pouvez vous passer de l'étape de préfiltration, vous ne pourrez pas vous soustraire à un traitement. L'eau a pu être contaminée par un cadavre animal, des promeneurs peu respectueux ou les déjections d'un troupeau d'alpages.

D'un poids extrêmement faible, le traitement chimique est une bonne solution en montagne. Le plus souvent sous forme de comprimé, il existe aussi sous forme liquide, en pipette, ou de poudre. Les pastilles sont en général composées de chlore stabilisé (DCCNa) et permettent d'éliminer bactéries, virus et certains protozoaires. Utilisez ce traitement sur de l'eau claire.

Mode d'emploi

1. Référez-vous à la notice du fabricant pour le mode d'emploi.
2. Généralement, il faut mettre une pastille par litre d'eau à traiter et attendre de 30 à 120 minutes. L'eau peut ensuite être consommée. Elle conserve un goût de chlore qui peut être amoindri par l'utilisation du charbon actif après action des pastilles. Ne mettez jamais le charbon actif avant ou pendant le contact du chlore, car il capterait la molécule et empêcherait toute action de purification.

D'autres produits chimiques comme l'eau de javel, la povidone iodée ou la teinture d'iode permettent une purification de l'eau. Mais attention, la finesse du dosage rend le protocole inadapté à des conditions d'autonomie en pleine nature.

Une expédition en moyenne montagne nécessite au moins 3 litres d'eau par jour et par personne.

S'HYDRATER...
en haute montagne et en milieu polaire

La sensation de soif est moins présente alors que les besoins sont identiques, voire supérieurs, à d'autres biomes. La déshydratation peut aller très vite en haute montagne. Les besoins journaliers dépassent les 5 litres par jour.

À savoir

- L'hyperventilation d'altitude ou d'effort provoque une perte hydrique très importante (entre 150 et 250 millilitres par heure de déplacement). À l'effort, nous transpirons autant qu'en plaine, mais nous nous en rendons moins compte dans le froid.
- À 4 000 mètres, le taux d'humidité de l'air a baissé de 75 % par rapport à celui du niveau de la mer, et à 6 500 mètres, il est proche de zéro.
- Comme il faut transformer l'eau solide en liquide, vous la boirez au mieux tiède, à une température proche de celle du corps (37 °C), à raison de 50 centilitres par heure environ.
- Astuce pour penser à boire : avec les mains prises dans nos gants, on oublie fréquemment de boire avant d'avoir soif. Mettez un timer ou une alarme pour vous rappeler de vous hydrater toutes les heures.

1 Où trouver de l'eau ?

Vous ne pouvez pas survivre sans réchaud. L'eau est partout, mais rarement à l'état liquide : il faut transformer la glace ou, dans une moindre mesure, la neige car elle est plus énergivore.

Néanmoins, si vous n'avez pas le choix, préférez la neige plus profonde, plus dense (et donc plus « mouillée ») que la poudreuse de surface.

② Faire fondre la glace ou la neige

Avant de commencer, prenez le temps de vérifier les fissures et autres cavités où de l'eau pourrait ruisseler : vous éviterez alors la perte énergétique, de carburant ou de gaz, nécessaire à la fonte.

Ne consommez jamais de neige ou de glace à l'état brut : le froid favorise le risque d'hypothermie et peut provoquer des troubles gastro-intestinaux (la diarrhée est source de déshydratation) et des brûlures à la bouche.

La neige comme la glace sont déminéralisées. Idéalement, ajoutez une pincée de sel par litre d'eau. Si vous consommez l'eau en mangeant normalement le reste de la journée, les minéraux de l'alimentation compenseront cette carence.

× Matériel

- ○ *1 morceau de bois*
- ○ *1 T-shirt*
- ○ *1 récipient*

Mode d'emploi

Si vous avez du bois pour faire un feu, voici comment faire fondre de la neige ou de la glace en quantité importante.

1. Remplissez le tee-shirt de neige.
2. Nouez-le et attachez-le à 1 morceau de bois.
3. Faites un feu, puis placez le récipient récupérateur à côté du feu.
4. Fixez le tissu 5 cm au-dessus du récipient.
5. La neige va ainsi fondre et l'eau coulera dans le récupérateur.

Version simplifiée :

1. Jetez une poignée de neige dans le récipient placez au-dessus du feu.
2. Une fois la neige fondue, ajoutez une nouvelle poignée et répétez l'opération.

CONSEIL DE L'AVENTURIER

L'eau en milieu froid est-elle potable ?

Même si le risque est moindre qu'avec de l'eau stagnante en plein désert, sachez que le froid ne tue pas tous les organismes susceptibles de contaminer l'eau. Les micro-organismes sont actifs entre 10 °C et 50 °C. Entre de -18 °C et -3 °C, ils sont en sommeil, donc encore vivants. Cela ralentit juste leur prolifération. Certaines bactéries ont été découvertes vivantes à des températures de -65 °C. Seule l'ébullition peut venir à bout de ces dernières.

3 Purifier l'eau : l'ébullition

× Portez l'eau à ébullition durant 1 minute

Pour rendre une eau claire potable, portez-la à ébullition durant 1 minute au niveau de la mer. Ce procédé va tuer tous les agents pathogènes : virus et bactéries.

La température d'ébullition en altitude

La température d'ébullition d'un liquide dépend aussi de la pression. S'il va bouillir à 100 °C au niveau de la mer, ce sera différent en altitude. Par exemple, au sommet du mont Blanc, l'eau bout à 85 °C, et au sommet de l'Everest à 72 °C. Concrètement, plus la pression diminue, plus la température nécessaire à faire bouillir un liquide sera basse. Ainsi, pour rendre de l'eau potable, et avoir les 100 °C nécessaires à tuer les bactéries, voici la consigne de l'OMS (Organisation mondiale pour la santé) :

Eau potable = eau claire + ébullition 1 minute à gros bouillon + 1 minute supplémentaire tous les 1 000 mètres d'altitude.

Les conseils de Maud

Quels sont vos conseils pour bien s'abriter, tirés de vos expériences personnelles ?

Il faut s'appliquer pour construire le toit. Comme avec les tuiles d'une maison, il s'agit de commencer par le bas et de couvrir du bas vers le haut. L'épaisseur a peu d'importance, c'est le positionnement qui compte. Quand on a le temps et avant de poser les branchages (palmes dans notre cas), on peut même prévoir de « couler » directement sur la charpente un *potopote* (« boue » en swahili, du pisé).

Autre conseil : essayer de trouver des endroits naturels pour être à l'abri. Au moment où on a débarqué sur notre île, l'équipe s'est dispersée pour faire le tour d'observation. On a cherché le puits d'eau douce et l'emplacement qui conviendrait à l'abri. Je suis tombée sur une partie abritée, un renfoncement dans la roche. C'était sombre mais sec. J'ai nettoyé grossièrement et bouché les trous de crabes avec de la terre pour rendre la grotte plus accueillante et afin de s'y abriter en cas de pluie.

Pour la fabrication de la cabane, cétait plus agréable d'être face à la mer. On avait une zone ombragée, pas trop loin du rivage, surplombée d'une roche (intéressante pour protéger le feu et conserver la chaleur). C'est là qu'on l'a construite.

Avez-vous une anecdote à raconter sur l'abri, durant votre aventure Koh-Lanta ?

Victor, l'un des membres de la tribu rouge, était un jeune homme très préparé pour Koh-Lanta. Il a voulu prendre les choses en main. C'est bien de discuter mais, à un moment, il faut décider. Comme je suis responsable de plein de choses dans la vie « normale », j'ai volontiers passé mon tour sur la construction de l'abri ! Victor a imaginé un abri monopente, pratique à réaliser, dans lequel on pouvait même presque se tenir debout, dans la partie la plus haute. Si ce genre d'abri est impeccable pour s'y installer le jour, il était en revanche trop grand et trop haut pour se protéger des nuits froides. À la décharge de mon ami d'aventure, nous ne pouvions pas deviner à quel point les nuits étaient fraîches… et l'abri a été construit dès le premier jour. Le soir venu, l'ouverture laissait sortir trop de chaleur. On rêve tous d'une jolie petite maison mais, idéalement, plus l'abri est réduit – à l'image d'un cocon d'insecte –, moins la chaleur du corps se dissipera dans l'espace ; au contraire, elle réchauffera le refuge.

S'ABRITER

× Trois principes valables dans la plupart des biotopes

① Éloignez-vous des points d'eau, car vous n'êtes pas le seul à chercher à boire. Les animaux vont s'hydrater dans la nuit, et c'est également un spot de chasse idéal pour les prédateurs. Vous n'avez pas envie d'être réveillé par un crocodile ou un tigre qui vient s'abreuver ou se nourrir… Alors, trouvez le compromis entre la sécurité et l'accessibilité en fonction de la menace potentielle.

② Isolez la zone « bivouac/espace nuit » de la zone « repas » pour les mêmes raisons. Les odeurs et les restes alimentaires vont attirer les gourmands : ours, varans, crocodiles, singes… Ils ne seront pas tous bienveillants à votre égard.

③ Insistez autant que possible sur l'isolation du sol et des parois. Quand votre abri sera efficace et satisfaisant, vous aurez tout le loisir d'améliorer le camp en fabriquant du mobilier (table ou chaise de camp, étagère) pioché dans les techniques *bushcraft* (artisanat des bois).

CONSEIL DE L'AVENTURIER

Sécurisez votre camp !

Pour éviter de potentielles intrusions nocturnes, attachez une casserole (ou un autre objet qui fait du bruit en tombant) à une ficelle installée autour de votre campement. Si quelqu'un ou quelque chose heurte la ficelle, le son (même faible) vous réveillera.

S'ABRITER...
dans la forêt

L'abri en milieu sylvestre protège des pluies, mais aussi de l'humidité, en particulier celle qui remonte par le sol. Il coupe du vent et, dans une moindre mesure, des insectes, mais ne protège pas des animaux. Les seules espèces vraiment dangereuses pour l'homme sont les ours : malheureusement, il faut plus qu'une toile de tente ou un tarp pour les arrêter !

Les contraintes

- Les arbres morts ou les branches basses risquant de tomber.
- Les couloirs exposés aux vents.

1 Choisir l'emplacement

× Installez votre camp sur une zone plane

Mettez-vous à proximité d'arbres solides pour y fixer votre tarp. Vérifiez l'absence de coulées et autres traces de passages d'animaux, signes de leur présence sur la zone.

× Attention aux animaux

Même si les animaux présents n'attaquent pas l'homme délibérément, ils risquent de vous déranger pendant la nuit. Soyez d'autant plus vigilant en période de rut des cervidés qui, excités et en quête de territoire, pourraient se montrer plus entreprenants que de coutume.

② Monter son tarp

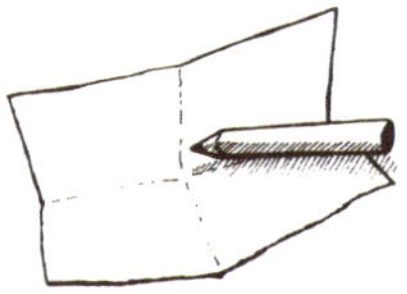

Matériel du kit

- ○ *1 tarp*
- ○ *1 couverture de survie*
- ○ *tendeurs et sardines*

× Une bâche de 3 × 3 mètres

Le tarp ou tarpaulin est une toile en polyéthylène, qui offre une grande résistance aux intempéries. C'est l'accessoire de prédilection pour monter un abri fiable. Mesurant généralement 3 × 3 mètres, la bâche est, avec un nombre variable d'œillets et de points d'accroche.

Sa conception est tellement épurée qu'il permet une infinité de combinaisons de montage. Trois personnes peuvent y loger avec leurs équipements.

• Abri fermé de trois côtés : il convient en toute saison !

En cas de pluie, tendez bien la toile pour éviter les cuvettes.

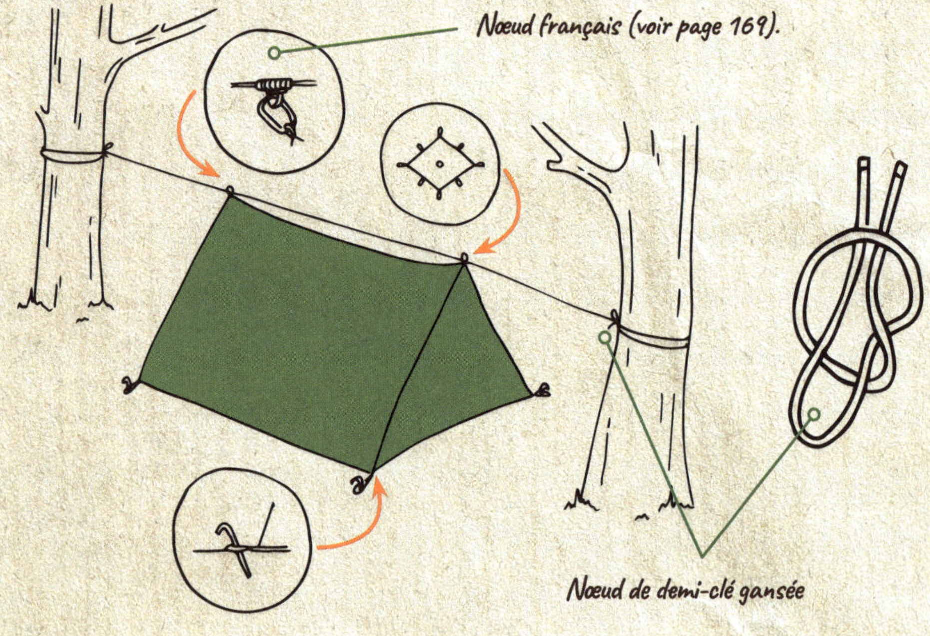

- **Abri fermé de deux côtés avec une seule corde en faitière : idéal l'été pour créer un courant d'air !**

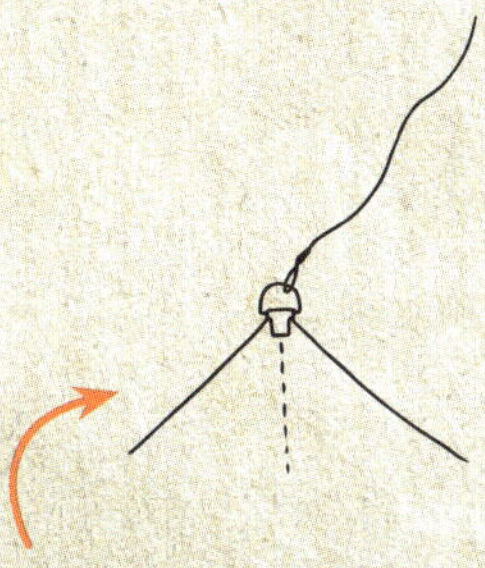

Fixez la cordelette à l'oeillet au milieu du tarp (sur un des côtés).

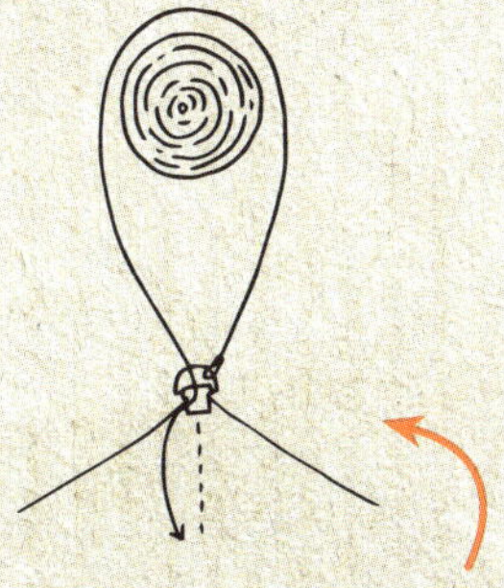

Faites le tour de l'arbre avec la cordelette et repassez-la dans l'œillet du tarp.

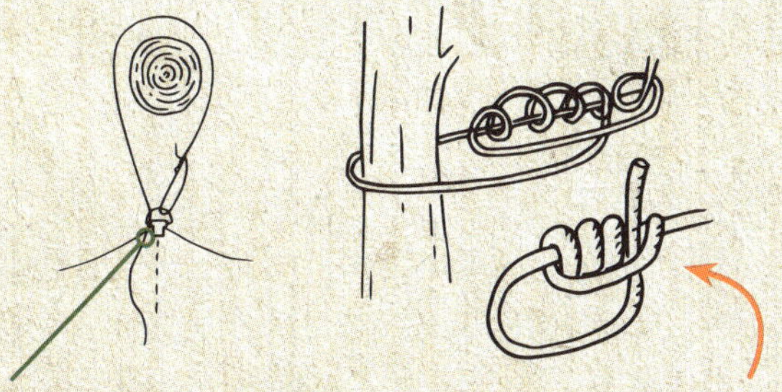

Passez la cordelette dans l'œillet opposé, faites le tour de l'autre arbre et terminez par un nœud tenseur.

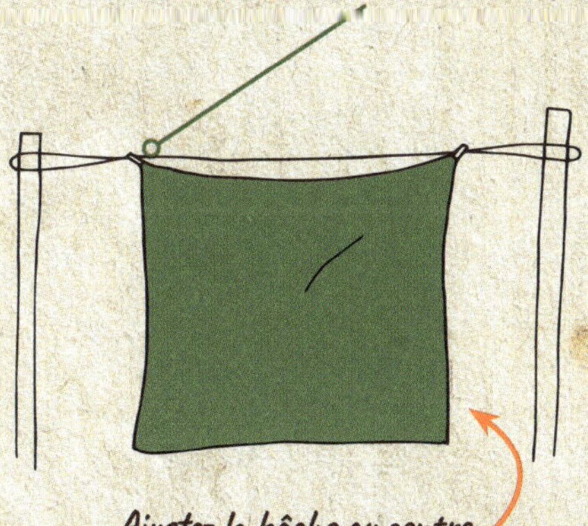

Ajustez la bâche au centre.

• Abri ouvert pour se protéger d'une bruine et profiter du ciel étoilé !

Attention à la prise au vent !

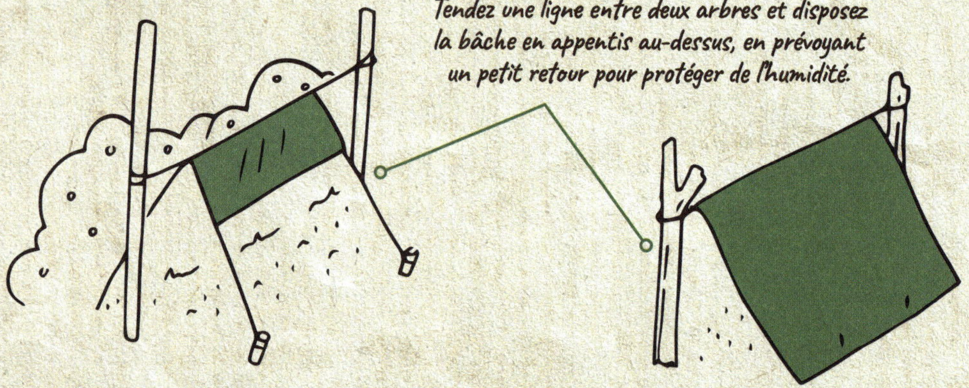

En situation de survie : la cabane de débris

En l'absence de matériel, la cabane de débris est une bonne option, car elle est facile à improviser. Il s'agit de confectionner un cocon végétal, le plus épais possible et le plus proche du corps possible pour s'isoler du froid. Vous allez en quelque sorte recréer le principe du sac de couchage.

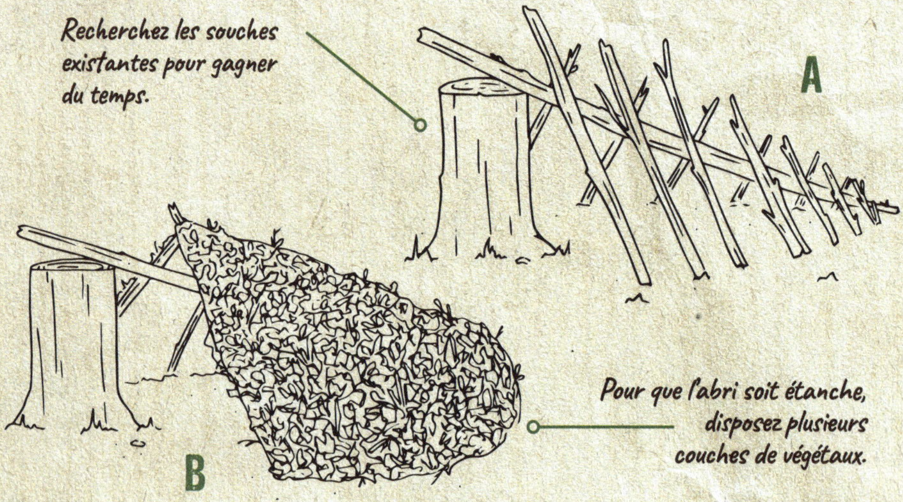

Sans matériel, il est possible de se confectionner une cabane de débris. En revanche, cela demande beaucoup plus de temps.

S'ABRITER...
sur une île déserte

L'abri s'avèrera d'autant plus nécessaire si les températures nocturnes sont fraiches et en cas de pluies tropicales. Vous aurez deux options : les terres dans la forêt ou les plages. Votre choix dépendra de votre environnemnet et du matériel à disposition.

Les contraintes

Ce sont celles de la jungle ajoutées à celles d'une plage peu protégée.

- Le sable, qui limite les possibilités d'ancrage au sol et qui sera une gêne au moindre coup de vent.
- Le vent, le froid et la pluie.
- Le couchage direct au sol, inconfortable, voire dangereux, à cause des puces de sable, de la tungose, des tiques, des scorpions et d'autres vecteurs de maladies ou sources de piqûres.
- Les moustiques.
- Les marées, parfois importantes, à prendre en compte lors de l'installation de son camp.
- Le risque de tsunami dans certaines zones géographiques.

DANS LA FORÊT : LA PLATEFORME HAUTE

1 Choisir l'emplacement

Les terres, généralement recouvertes de jungle, peuvent être très escarpées, habitées de nombreux prédateurs, reptiles et insectes potentiellement dangereux. Le couchage au sol est à proscrire. Le hamac doit être placé à une hauteur d'au moins 3 mètres pour éviter les attaques de varans (attention à ne pas laisser de nourriture à côté de votre campement !) et d'autres espèces pouvant mesurer jusqu'à 3 mètres.

Si vous faites ce choix, rendez-vous au chapitre « S'abriter dans la jungle » pour lire nos conseils.

2 Construire une plateforme

Mode d'emploi

1. Cherchez 3 ou 4 arbres solides et proches les uns des autres.
2. Cherchez du bois de très bonne qualité et du cordage solide, ou bien un filet de pêche que vous suspendrez de 2,5 à 3 mètres du sol.
3. Disposez au creux des fourches les rondins les plus résistants, au-dessus desquels vous fixerez le plancher fait de grosses branches.
4. Utilisez d'autres morceaux de bois pour former une rambarde basse et vous éviter une chute nocturne !
5. Pour le toit, utilisez les branches déjà en place, en améliorant le calfeutrage.

À chaque étape, vérifiez rigoureusement la solidité des fixations et de la structure. Méfiez-vous des pandanus, qui semblent solidement ancrés au sol avec leurs nombreuses racines : ils sont souvent creux, même s'ils ont le feuillage vert.

6. Confectionnez une échelle de corde pour monter sur la plateforme.

× Matériel pour l'échelle

- *1 corde résistante d'au moins 6 ou 7 mètres de long*
- *De solides rondins de 40 à 50 cm de long, à placer tous les 40 cm, soit 7 rondins pour une hauteur de 3 mètres.*

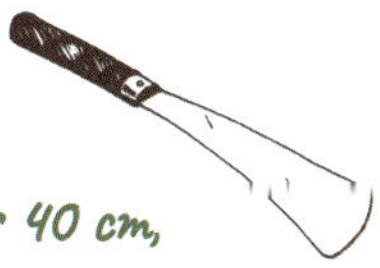

Fixez des barreaux tous les 40 cm grâce à un nœud de galère. Attention : le nœud de galère se bloque dans un sens et se défait dans l'autre. Vérifiez donc avant de monter !

Dans cette configuration, vous ne serez pas protégé des moustiques. Faites un feu que vous recouvrirez de feuillage vert pour produire de la fumée, et qui éloignera les moustiques durant quelques heures.

SUR LA PLAGE : L'APPENTIS

1 Choisir l'emplacement

La solution la plus simple pour la plage est un appentis simple, si vous êtes seul ou à deux, ou double pour 3 à 5 personnes. Vous pouvez laisser un peu d'espace entre les deux pentes du toit pour y faire un petit feu.

2 Construire un appentis

× Trouvez du matériel pour la structure de votre abri

Le bambou, qui offre des segments parfaitement rectilignes, est idéal pour la structure de votre abri. Les liens peuvent être tressés à partir de fibre de pandanus, de certaines écorces ou de lianes (voir « S'abriter dans la jungle »).

Vous pouvez aussi fabriquer des liens avec des bouteilles en plastique, des filets de pêche ou des cordages… Si les cordes de bateaux sont trop grosses, il vous suffit de défaire les brins pour ne récupérer que le diamètre qui vous intéresse.

Fixez votre couteau ainsi, afin de découper les bouteilles en plastique et réaliser des liens fins et solides.

× Fabriquez un petit réflecteur

Cette sorte de palissade en bois coupe du vent. Faites un feu et dormez à une longueur de bras de ce réflecteur, pour limiter le risque d'attaques de puces de sable et avoir assez de chaleur pour la nuit.

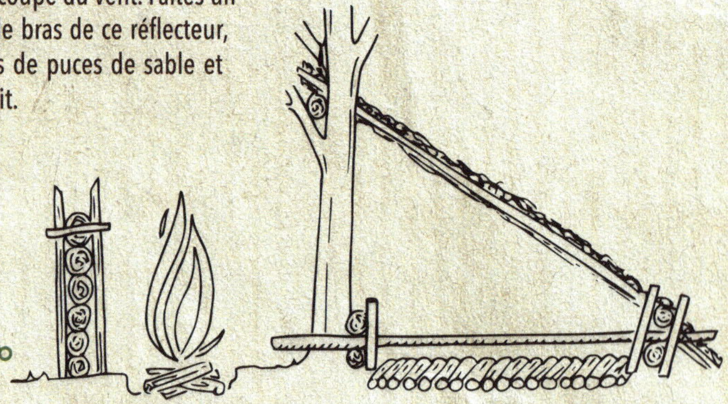

En plus de vous couper du vent, le réflecteur créera une bulle de chaleur et renverra les radiations de votre foyer.

× Assurez l'étanchéité de votre toit

Favorisez les feuilles larges de type bananiers, à moins que vous ayez la chance de disposer d'une bâche ou d'un canot (retournez-le alors). Vous pouvez tresser les feuilles de palme ou de pandanus débarrassées de leurs arêtes tranchantes pour confectionner une sorte de natte (voir l'illustration). Tissez-les en croisant vos feuilles du dessus au-dessous, de manière à obtenir un rendu dense sans espace qui pourrait laisser passer la pluie.

× Placez les latrines à bonne distance de votre zone vie

Creusées dans le sable, elles sont faciles à recouvrir pour limiter les odeurs. Cette zone peut attirer certains animaux et propager des bactéries en plus des effluves peu appréciables : une distance de 20 mètres est donc un minimum !

Exemple de montage de camp sur une île déserte

S'ABRITER... dans la jungle

Dans les forêts primaires tropicales, il est indispensable d'avoir un hamac avec une moustiquaire et un tarp. La qualité et la solidité de votre matériel sont primordiales : mieux vaut se focaliser sur la résistance et non le poids !

En situation dégradée, vous pourrez vous construire un abri à partir de matériaux récupérés dans votre environnement mais, aussi bons soient-ils, vous resterez la proie des insectes, entre autres.

Les contraintes

- Le sable, qui limite les possibilités d'ancrage au sol et qui sera une gêne au moindre coup de vent.
- Les petits rongeurs, les serpents, les insectes type scolopendres, etc. qui vous ôteront toute envie de dormir à même le sol !
- Un sol inégal, très encombré par la végétation parfois épineuse, les troncs en décomposition.
- Les insectes volants, et tout particulièrement les moustiques, qui sont en outre la promesse d'une nuit agitée et vecteurs de maladies potentiellement graves.
- Le risque de chute d'arbres ou de branches.
- La nuit qui tombe tôt.

1 Choisir l'emplacement

× Un couchage en hauteur

Un hamac ou le couchage en hauteur (type carbet) sont les deux principales options .

L'humidité ambiante et les insectes parasites engendrent une fragilité du bois, même à cœur. Il est primordial de tester la solidité de tous les arbres autour de votre point de bivouac, et tout particulièrement ceux sur lesquels vous envisagez de fixer votre hamac.

N'hésitez pas à démonter votre campement la nuit si un arbre montre des signes de faiblesse au moment du coucher, même s'il semblait sain avec son feuillage encore vert.

La nuit tombe vite et cela surprend : anticipez le manque de lumière, en prévoyant 2 heures pour pouvoir vous installer convenablement. Faites le tour de l'emplacement choisi à la recherche de colonies de fourmis. S'il y a un nid dans l'arbre à proximité, vous serez envahi, avec ou sans moustiquaire.

Un camp collectif en jungle : aucun arbre mort ou menaçant de tomber, un emplacement propre et débarrassé des dangers au sol.

× Astuces pour éviter la compagnie nocturne

Vaporisez du répulsif à insectes sur les suspentes du hamac, puis imprégnez-les de votre transpiration : les fourmis n'apprécient pas.

La mousse à raser permet de créer une barrière redoutablement efficace, mais c'est un poids en plus ! La solution hydroalcoolique ou les antiseptiques n'ont pas d'action répulsive notoire.

Proscrivez les campements près d'un cours d'eau : c'est l'endroit idéal pour être dévoré par les moustiques et insectes en tous genres. C'est aussi le point de ravitaillement de toute la faune locale (dont les prédateurs !) et l'habitat des crocodiles dans certaines régions : vous préférerez éviter leur visite.

Attention aux fourmis « coupe-feuille » : elles peuvent prendre d'assaut par millier votre hamac, dévorant intégralement la toile, la moustiquaire et les suspentes. À la nuit tombée, n'allumez surtout pas votre lampe frontale : vous seriez attaqué par des milliers d'insectes volants ! Protégez-vous avec une veste étanche au-dessus de votre tête.

② Installer un hamac-tarp.

× Matériel pour l'échelle

- ○ 1 tarp
- ○ 1 hamac
- ○ 1 moustiquaire
- ○ 1 paracorde

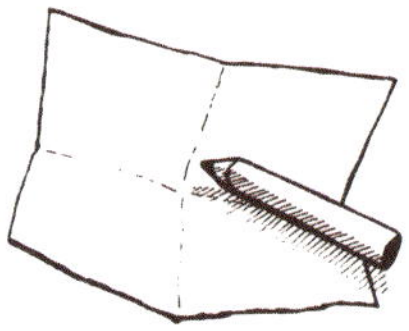

× Recherchez 2 points d'ancrage pour votre hamac

Trouvez 2 arbres solides et vivants distants d'environ 3 mètres. Si la distance n'est pas suffisante, votre hamac sera positionné en « banane » et vous dormirez complètement recroquevillé.

Idéalement, les suspentes du hamac devraient être inclinées à 30°, signe de la bonne position de la litière (voir la photo).

× Faites un nœud solide mais facile à défaire

Il doit pouvoir être défait même avec une corde mouillée ou tendue, sans quoi vous seriez dans l'obligation de la couper. Si votre hamac ne comporte pas de système de fixation spécifique, le mieux consiste à faire de chaque côté un nœud de demi-cabestan autour de l'arbre support, suivi d'une clé de mule.

× Placez la partie basse du hamac à au moins 1 mètre du sol

Pensez qu'avec votre poids, la toile va s'étirer un peu. Si vous la placez trop haut, vous aurez du mal à y grimper ! Le tarp est fixé au-dessus de manière à vous protéger entièrement de la pluie. La pente doit être importante et la toile parfaitement tendue, dépassant de chaque côté du hamac pour éviter les infiltrations en cas de pluie.

Un hamac monté en jungle : le sol a été déblayé, les chaussures et les vêtements suspendus en hauteur, les dripping lines sont en place et la moustiquaire reste fermée jusqu'au moment du couchage (voir page suivante).

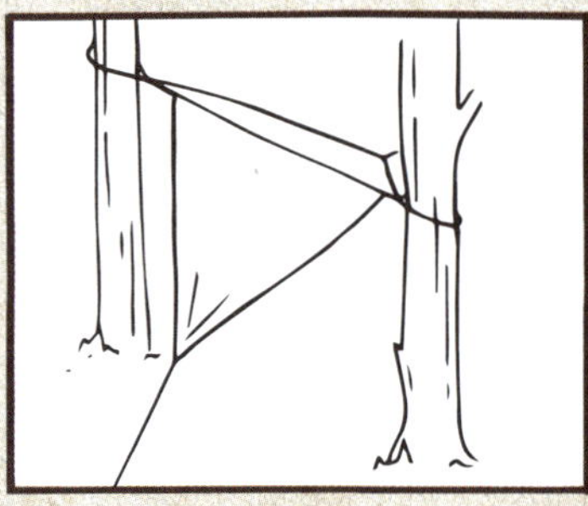

× Fixez votre tarp en « diamant »

En disposant la bâche en diagonale au-dessus du couchage, vous profiterez de la longueur maximale du tarp.

× Utilisez une *dripping line*

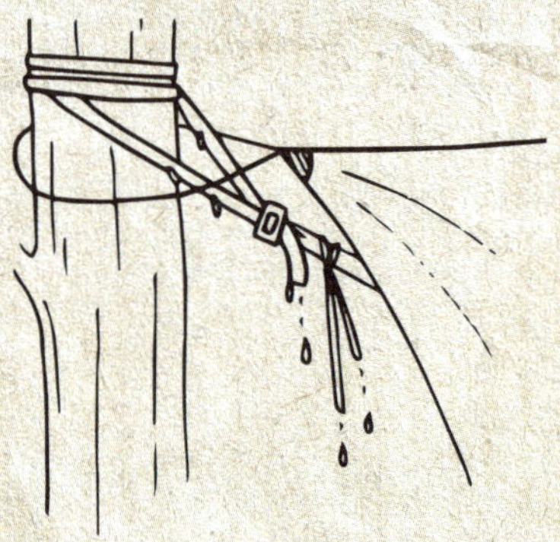

Mettez cette cordelette avant votre hamac sur les suspentes, par exemple à l'aide d'une tête d'alouette. Elle sert de gouttière en cas de pluie et guide l'eau vers le sol, évitant de transformer votre couchage en piscine.

Au moment de vous glisser dans votre couchage pour la nuit, placez-vous légèrement en biais pour étendre la toile du hamac. Vous dormirez ainsi presque à plat, comme dans un vrai lit ! Et pensez à sortir votre bidon à eau en cas de pluie nocturne.

L'abri improvisé en jungle

× Utilisez des feuillages pour créer une toiture

En allant collecter des matériaux, prenez toujours le temps d'analyser votre environnement : mouches à feu (cousines des guêpes), serpents ou scorpions peuvent se cacher à proximité !

Les feuilles de palmiers conviennent bien : privilégiez les plus grosses et faites attention toutefois aux épines. Moins il y a de jonctions, plus votre abri sera étanche. Prenez le temps de fendre horizontalement votre branche de palmier.

× Assemblez votre couchage surélevé

Vous pouvez utiliser les feuilles de palmier en guise de matelas. Elles sont confortables si vous formez une couche épaisse, mais prenez le temps de bien enlever les tiges épineuses.

Positionnez ensuite votre toiture en la fixant à votre structure de lit.

× Pour la ficelle, utilisez du cordage

Les lianes fines abondent dans la jungle, mais offrent une résistance limitée. Tressez donc du cordage à partir de fibres végétales (situées sous les écorces de certains arbres ou dans les feuilles de palmiers par exemple) en torsadant deux brins dans le même sens.

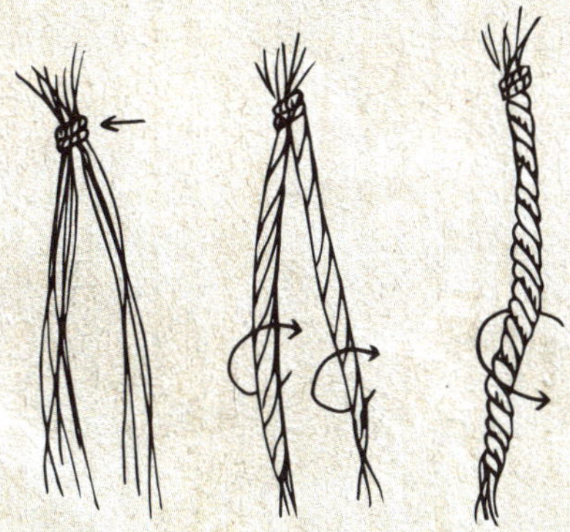

Mode d'emploi

1. Fixez solidement les brins par un nœud.
2. Tournez chaque brin de gauche à droite.
3. Torsadez un brin l'un autour de l'autre, de droite à gauche cette fois.

Exemple d'un abri de fortune dans la jungle

S'ABRITER... dans le désert

Les déserts sont souvent, à juste titre, qualifiés d'extrêmes. Avec des températures pouvant dépasser les 50 °C, un abri pour vous protéger du soleil est indispensable.

Mais quel que soit le type de désert (sable, montagne, sel, crêtes...), le constat est le même : les éléments utilisés habituellement pour la construction d'abris de fortune sont quasi inexistants. Vous devez donc optimiser l'utilisation de toutes les ressources que vous trouvez.

Avant d'agir, observez bien l'environnement pour économiser un maximum d'énergie. Le moindre effort augmente la déshydration et le risque de coup de chaleur.

Les contraintes

- Une chaleur étouffante, avec des températures au-delà de 50 °C. La température à même le sol atteint régulièrement 70 °C (et 50 °C à 1 mètre) !
- Des zones d'ombre rares.
- Une très forte amplitude thermique pouvant aller de +60 °C en journée à -10 °C la nuit, au Sahara notamment. Dans d'autres déserts, comme l'Ouest australien ou le nord du Mexique, les écarts de température sont moindres, mais les plantes et les animaux sont tout aussi rares. Vous pourrez y croiser des insectes et des araignées, des petits reptiles, des rongeurs et quelques oiseaux nocturnes.
- Des rampants : serpents, insectes, scorpions et solifuges vous empêchant de dormir en contact direct avec le sol.
- Des vents violents et des tempêtes de sable, des tourbillons de poussière qui réduisent la visibilité.
- Des précipitations torrentielles qui peuvent succéder à la sécheresse.
- Des déplacements d'autant plus pénibles et épuisants quand ils se font dans le sable.
- Très peu de matière première de construction.
- Difficultés pour fixer des ancrages au sol pour votre abri.

Les déserts de sel

Les déserts de sel comme le célèbre Salar d'Uyuni en Bolivie se sont constitués par l'évaporation d'une ancienne étendue d'eau dans un milieu devenu très aride, laissant une croute constituée de sels en surface. La végétation n'est composée que de cactus et de quelques rares arbustes, et la réverbération du soleil sur cette couche blanche y rend les longues progressions pénibles. L'absence de matière première complique la mise en place d'abris.

Composés de toiles, les abris bédouins restent très aérés pour favoriser les mouvements d'air.

1 Choisir l'emplacement

× Cherchez de l'ombre, idéalement créée par des végétaux

Grottes, affleurements rocheux, tas de sable, trous dans le sol, cactus… Ces emplacements éviteront le rayonnement direct du soleil. Privilégiez des zones d'ombres créées par des végétaux : l'humidité naturelle de la flore rendra l'endroit moins frais qu'une roche qui a emmagasiné la chaleur durant la journée.

× L'abri idéal : la grotte

L'air y circule bien et rend la température plus tolérable, grâce au refroidissement par convection. Mais attention, les serpents et lesscorpions en profitent aussi : vous ne serez certainement pas seuls !

② Construire son abri

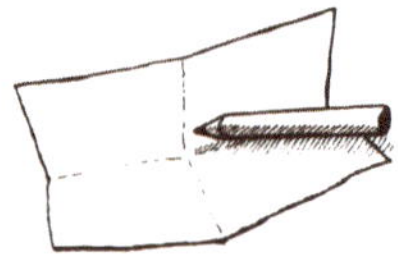

Matériel

- 2 bâches toilées
- 1 paracorde
- 1 couverture de survie

× La couverture : deux bâches en tissu résistantes et très sombres

Vous pouvez utiliser deux bâches en tissu opaque ou en matière plastique. Elles servent de pare-soleil et de convecteur. Le matériau couramment utilisé est une sorte de toile en coton grossier de type canvas : très résistant à la déchirure, insensible à l'élongation, garantissant une bonne résistance aux vents forts pouvant survenir.

Pourquoi deux bâches ? Celle du haut stoppe les rayons du soleil, et celle du bas abaisse la température de l'air dans l'abri, grâce à l'effet de convection entre les deux tissus.

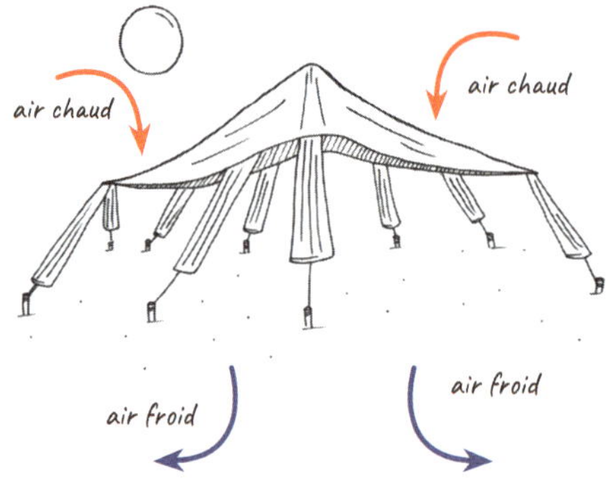

× La convection : faire circuler l'air

Les tentes en tissu des nomades ont de nombreuses parties ouvertes pour favoriser la circulation de l'air. Plus l'abri a d'ouvertures, plus l'air passe.

Aussi, plus le tissu est foncé, plus il capte les rayons du soleil. Comme l'air chaud est plus dense que l'air froid, les masses chauffées par la toile sombre vont s'élever. Un air plus frais est alors aspiré sous la tente, créant un courant convecteur rafraichissant.

× Pour lester les bâches

Profitez de tous les supports naturels à votre disposition pour lester la couverture dans le sable : cactus, rochers, branches, ossements (notamment ceux de chameau ou de dromadaire, qui peuvent être grands).

En l'absence de points de fixation, utilisez un sac ou un résidu de toile pour former un pochon que vous remplirez de sable : ce lest fera un point d'ancrage de fortune acceptable, d'autant plus si vous l'enterrez.

Mode d'emploi

Superposez les deux bâches en laissant environ 30 cm entre les deux.
Si vous avez suffisamment de matière pour fermer les côtés, placez l'ouverture principale face au vent pour profiter de ce ventilateur naturel.

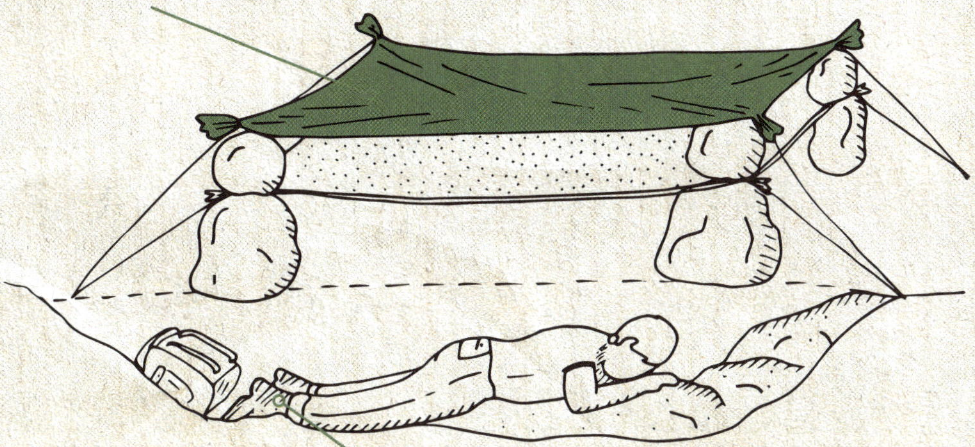

Creusez votre litière : vous gagnerez de précieux degrés ! Autre option : surélevez votre couchage.

L'abri d'urgence

En cas de panne, vous réfugier dans votre 4x4 serait suicidaire !

Le soleil tapant sur la tôle et sur les vitres, la chaleur y sera rapidement insoutenable. Cherchez une roche ou une zone à l'ombre de la végétation, la plus proche possible de votre véhicule : ce sera un abri idéal pour la nuit, avec les températures fraîches et à l'abri de tous les insectes et des reptiles. Autrement, vous pourrez vous réfugier sous votre véhicule en attendant la nuit pour y dormir.

Restez proche de votre voiture, car vous avez ainsi beaucoup plus de chance d'être retrouvé. Et, en cas de tempête de sable, vous serez plus en sécurité auprès de votre véhicule.

S'ABRITER...
en moyenne montagne

En montagne, l'abri vous isolera du froid nocturne, des vents catabatiques et, dans certains cas, de la pluie.

Les contraintes

- L'absence d'arbre pour se fixer.
- Le sol rocheux (difficulté ou impossibilité d'y fixer des sardines).
- Le risque d'orage.

1 Choisir l'emplacement

Repérez un endroit avec 1 ou 2 arbres ou une zone plane sur laquelle vous pourrez fixer des sardines pour installer votre camp.

Évitez les abords immédiats des lacs de montagne. Malgré la vue idyllique, le froid y sera saisissant (les masses d'air froid s'accumulent dans les cuvettes).

À la tombée de la nuit, les masses d'air froid, plus denses que les chaudes, redescendent en suivant les pentes. Ces flux d'air produisent un courant d'air : c'est le vent catabatique. Veillez donc à ne pas vous placer dans une pente et privilégiez un replat. Si vous n'avez pas le choix, calfeutrez au mieux votre abri du côté descendant.

2 Installer un tarp

× **Matériel du kit**

- ○ *1 tente quatre-saisons ou 1 tarp*
- ○ *1 couverture de survie*
- ○ *1 paracorde*

× Tente autoportée et tarp

La tente autoportée reste le matériel de prédilection en montagne, mais le tarp peut aussi être assemblé à condition d'utiliser ses bâtons de randonnée ou une perche de bois.

L'idéal est de pouvoir ficher des sardines dans une zone de terre. Si ce n'est pas possible, fixez-les au sol à l'aide d'une pierre lourde, de buissons ou de végétation basse. L'isolation au sol sera plus indispensable qu'en forêt.

× Abri fermé des quatre côtés

Attention à la condensation ! Laissez une petite aération permettant la circulation de l'air.

Rembourrez le haut du tarp avec un vêtement, au niveau de la perche ou du bâton.

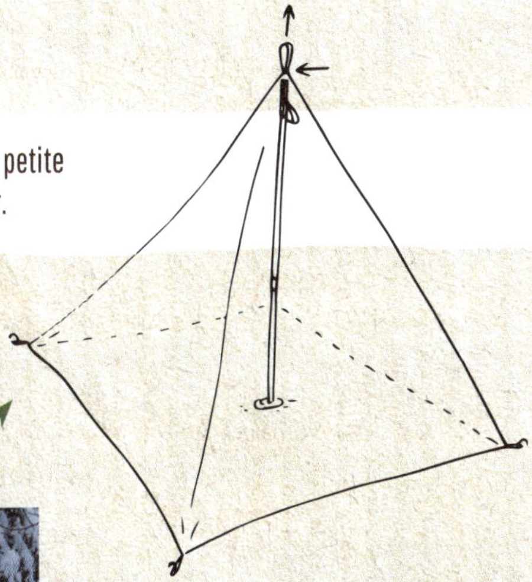

Les abris pastoraux

× Trouvez un abri de berger ou un mélèze

Souvent situés sous de gros rochers où un homme tient à peine accroupi, ces abris sont améliorés avec un muret de pierres : ce sont les « gias ».

Éventuellement, sous un mélèze, abritez-vous sous les branches basses en surplomb et isolez-vous du sol grâce à d'autres branches.

CONSEIL DE L'AVENTURIER

S'abriter d'un orage

× *Pensez à contrôler la météo avant vos sorties programmées.*

Si vous êtes surpris par un orage ou immobilisé en montagne quand il survient, abritez-vous sans attendre. Outre les risques de chutes de pierres et de débordement des rivières, vous pourriez surtout être frappé par la foudre, ce qui risquerait d'être fatal.

× *Éloignez-vous de tout point culminant.*

La foudre va chercher le chemin de moindre effort (généralement, le plus court) entre les nuages où elle se forme et la terre. Repérez ces points culminants (arbres, sommets, arrêtes, bloc rocheux…) et tenez-vous à plusieurs dizaines de mètres.

× *Éloignez-vous aussi des points d'eau.*

L'eau est un très bon conducteur électrique : vous pourriez être foudroyé même si le point d'impact de l'éclair est de l'autre côté de la rive. Si vous êtes en groupe, éloignez-vous de plusieurs mètres les uns des autres : plus la surface occupée au sol par une personne est importante, plus elle risque d'être impactée (c'est « la tension de pas »).

× *Utilisez la plus faible surface au sol.*

Restez accroupi, pieds serrés, bras autour des genoux, tête entre les bras. Asseyez-vous sur votre sac à dos ou n'importe quel isolant, en évitant si possible le contact des pieds avec le sol. Voir la partie « Se chauffer en moyenne montagne ».

S'ABRITER...

en haute montagne et en milieu polaire

–89,2 °C… c'est la température relevée par une station météorologique en Antarctique. Une vitesse de vent de 285 km/h a été constatée en hiver sur l'Everest. Ces chiffres donnent le tournis ! Le choix de votre matériel de couchage est déterminant en milieu froid. Un abri d'urgence est réalisable sous certaines conditions. Dans la pratique, il semble impossible de survivre plus de quelques jours dans un milieu si rude.

Les contraintes

- Un froid extrême.
- Des vents violents.
- Les avalanches.
- Les chutes de pierres.
- Les chutes de séracs.
- Les ours, dans certains pays.
- La pénibilité des efforts physiques et une consommation calorique accrue.
- Très peu de matières premières de construction.
- Des difficultés pour trouver des ancrages pour fixer votre abri.

1 Choisir l'emplacement

× Contrôler les pentes surplombantes

Pas question de dormir là où une plaque de neige pourrait céder et vous emporter pendant la nuit ! Il vous faut trouver un endroit le plus plat possible (ce qui est parfois complexe), idéalement à l'abri du vent, des chutes de pierres et de séracs. L'épaisseur de neige doit être suffisante pour insérer des ancres à neige ou des « corps morts » qui serviront de points d'attache à votre tente.

Sur un glacier, la difficulté principale consiste à s'abriter du vent. Si vous êtes sur un désert de glace, vous fixerez votre tente dans l'axe du vent, ouverture opposée à celui-ci.

2 Installer la tente quatre-saisons

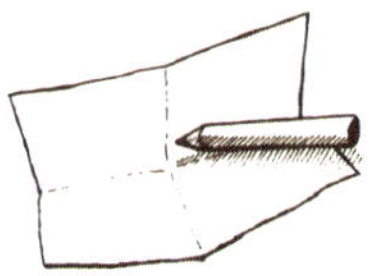

Matériel du kit

- ○ *1 tente quatre-saisons*
- ○ *1 paracorde*
- ○ *1 couverture de survie*

× Votre chambre portative

Il existe une grande variété de tentes quatre-saisons : de l'usage familial jusqu'au plus extrême. Elles résistent à des vents forts, et leur isolation est optimale. Les tentes monoparois ne sont pas adaptées à ce milieu, car la condensation serait trop importante.

Si vous faites de l'itinérance seul ou à deux, ne dépassez pas les 3,5 kilos : avec tout le matériel en plus, vous risqueriez d'être limité dans vos déplacements par le poids de votre sac ou de la pulka.

Les caractéristiques importantes pour choisir votre tente :

- Qualité de fabrication et résistance des matériaux.
- Vitesse de montage et démontage.
- Poids et encombrement une fois pliée.
- Protection contre le froid.
- Résistance au vent de 80 km/h minimum (qualité de la toile et de l'armature).
- Adaptabilité à la neige.
- Espace intérieur suffisant.

× Testez votre matériel avant de partir

Quel que soit le niveau de qualité de fabrication, vous n'êtes jamais à l'abri d'un défaut. Montez et démontez votre matériel plusieurs fois pour être sûr que tout fonctionne parfaitement.

Le matelas gonflable isole bien du sol. Il en existe de plusieurs types et de différents encombrements (autogonflants, etc.). Le R-Value correspond aux capacités d'isolation : plus le R-Value est élevé, plus le matelas est isolant.

× Installez votre tente à l'abri du vent

Prenez le temps de tasser la neige sur une zone plus étendue que le diamètre de votre tente, sur un rayon d'environ 1 mètre, pour plus de confort quand vous entrez et sortez.

Attention au montage en cas de vent fort, votre matériel peut s'envoler sans que vous puissiez le récupérer. Il faut parfois lester un côté.

L'usage de sardines classiques n'est pas adapté dans la neige ou sur la glace.

Voici plusieurs techniques :

Les broches à glace : elles se vissent directement dans la glace et sont idéales en milieux polaires. Il vous en faudra au minimum 4 pour sécuriser votre tente.

La technique du « corps mort » peut se faire avec un ski, un piolet, un morceau de bois… Il suffit de creuser dans la neige un trou (de 40 à 50 cm de profondeur en fonction de la qualité de la neige) et une petite tranchée pour la cordelette. Placez votre objet dans le trou, relié à votre suspente, puis rebouchez le tout en tassant bien.

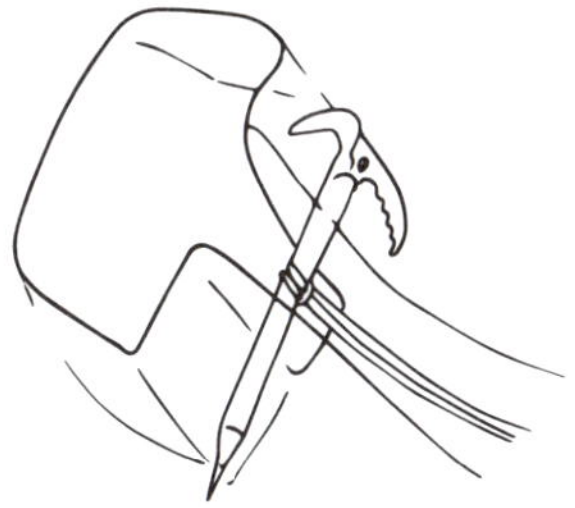

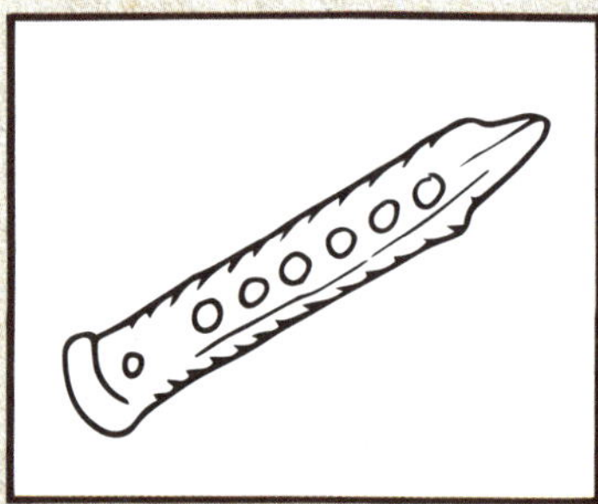

Dans la neige, vous pouvez aussi utiliser des ancres : faciles à fabriquer avec une pièce d'aluminium, il faut que l'ancres soient suffisamment longues si la neige est molle (30 à 40 cm). Vous pouvez utiliser des petits sacs en toile que vous remplissez de neige tassée à l'extrême ou une large bande de tissu.

L'abri d'urgence

En situation de survie (perte de votre tente, par exemple), vous pouvez être amené à construire un abri de fortune.

× Construire un igloo ? Non !

Le plus connu est l'igloo, mais sa construction nécessite plus de 6 heures d'effort et des conditions de neige très particulières (neige très compacte)… Il n'est donc pas adapté aux situations d'urgence.

× L'abri quinzee

D'origine amérindienne, cet abri est un gros tas de neige tassé et évidé dans lequel on fabrique une chambre. La couche de neige du quinzee constitue un isolant performant, en raison de l'air contenu dans la neige.

L'abri quinzee est plus facile à réaliser qu'un igloo.

Par -20 °C, il fera environ 0 °C à l'intérieur, ce qui minimise nettement le risque d'hypothermie rapide.

Risque d'effondrement : en cas de mauvaise construction et de neige trop molle, la rupture de l'abri pourrait s'avérer fatale pour la personne qui se trouverait à l'intérieur. Si possible, organisez des tours de garde permettant une surveillance continue.

Mode d'emploi

1. Trouvez un espace plat, avec de la neige en abondance.
2. Tracez le contour de votre abri (environ 2,50 m de diamètre) puis entassez des objets au sol : sacs à dos remplis, pulka… Plus ce tas sera important, plus votre chambre intérieure sera grande.
3. Recouvrez de neige cet amas, qui doit mesurer au moins 1,80 m de haut. Évitez d'utiliser des tas de neige naturels qui pourraient s'effondrer à cause de la succession de couches de différentes qualités.
4. Insérez des morceaux de bois d'une trentaine de centimètres sur votre tas de neige pour avoir des repères au moment de creuser : lorsque vous verrez ces morceaux, ne creusez pas davantage (le mur ne serait plus assez épais).
5. Laissez reposer votre tas de neige au minimum 1 à 2 heures pour qu'il se lie, ce qui vous permettra d'avoir une base de travail plus compacte et plus solide.
6. Commencez à creuser sans pelle à neige. L'exercice est complexe. Faites une entrée d'une soixantaine de centimètres par laquelle vous sortirez les sacs. L'idée n'est pas de pouvoir tenir debout dans le quinzee, mais de s'y allonger et d'y mettre son matériel. Aussi, un abri de petite taille conservera mieux la chaleur. Pensez à créer quelques ouvertures pour améliorer la ventilation.
7. Pour gagner quelques précieux degrés, créez une fosse à froid à l'intérieur de votre abri. L'air froid étant plus dense, il va s'écouler dans cette dépression et vous gagnerez encore quelques degrés à hauteur de votre couche.

Risque d'intoxication par manque d'oxygène : si vous êtes plusieurs, pensez à placer une petite bougie de type chauffe-plat à l'entrée de l'abri. Vous gagnerez ainsi quelques degrés. Si la bougie s'éteint, cela signifie que l'intérieur de la cavité est trop pauvre en oxygène. Cette technique implique une surveillance régulière par une personne qui restera éveillée.

Les conseils de Maud

Se chauffer à Koh-Lanta requiert d'avoir le feu. Saviez-vous allumer un feu sans matériel avant d'arriver sur l'île ?

Non. Si j'avais su plus tôt que je participerais à Koh-Lanta, je me serais entraînée. J'avais étudié la théorie mais, en arrivant sur le camp, Victor avait très envie de faire le feu et je n'ai pas cherché à m'imposer. J'aurais essayé avec plaisir mais l'avoir déjà fait était un avantage. Victor était dans ce cas.

Ce feu, une fois qu'on l'a, comment s'en occuper ?

C'est super important de gérer le bois. Il faut évidemment préférer le bois mort, du bois bien sec, « qui craque », pour le lancement du feu. Disposer de fines brindilles facilement inflammables est essentiel pour le démarrage du feu. Il va de soi qu'une fois les premières flammes acquises, c'est petit à petit que le feu sera « nourri » de branches de plus en plus grosses. Il faut bien laisser le temps de brûler afin d'avoir de la braise. Ensuite, tout est question de besoin : soit on attise le feu pour obtenir des flammes franches, soit on obtient un feu de braise pour cuisiner, voire on place une grosse buche qui se consumera lentement afin de quitter le camp l'esprit léger.

À Koh-Lanta, on a du temps, autant le mettre à profit ! Nous avons choisi d'organiser différents tas, de petit, moyen et gros bois. Aux Fidji, on peut avoir de la pluie. Il faut donc stocker le bois à la verticale ; la surface mouillée sera dès lors moins importante.

Quels sont les conseils que vous pouvez partager pour se chauffer en pleine nature ?

À Koh-Lanta, on n'a pas de serviette et peu d'habits. Mes vêtements étaient longs et prenaient du temps à sécher, alors pour moi le mieux était de s'activer. Le cerveau est occupé et on a la satisfaction d'avoir fait quelque chose de constructif. Pour contrer la sensation du froid, il vaut mieux parfois rester en maillot de bain et laisser son corps sécher plutôt que de rester habillé avec des vêtements humides. Si on a un feu, on peut faire sécher ses affaires mais, sans feu, on peut utiliser une pierre qui aura accumulé la chaleur de la journée. Cela va souvent bien plus vite !

Le froid est très dur à supporter, surtout la nuit. Alors on dort serrés comme des sardines pour se tenir chaud mutuellement. On peut aussi dormir au plus près du feu, enfiler des bonnes chaussettes, se munir d'une casquette, se couvrir les extrémités. Ou encore creuser un trou dans le sable et y mettre de la braise puis la recouvrir de sable ; voilà un radiateur que les bédouins connaissent bien !

SE CHAUFFER

La vigilance

× Vérifiez la règlementation

Faire un feu en pleine nature est généralement interdit en France. Dans une actualité tachée d'incendies à répétition (sud de la France, Amazonie, États-Unis, etc.), veillez à respecter la nature, car l'impact des incendies sur la faune, la flore et la biodiversité en général est de plus en plus lourd.

× Attention aux émanations de fumée

Gardez à l'esprit que le feu pourrait aussi se retourner contre vous. Les émanations de fumée dans un lieu mal ventilé (grotte ou abri fermé par exemple) peuvent conduire à de sévères intoxications.

× Vérifiez que votre feu est éteint avant de quitter votre camp

Un feu non contenu ou mal éteint pourra prendre rapidement des proportions incontrôlables surtout dans une forêt de résineux ou en cas de grands vents. Ne quittez votre camp qu'une fois parfaitement sûr que tout est éteint, jusqu'à la dernière petite braise.

Pour vérifier que le feu est bien éteint, mettez la main dans le foyer : si vous pouvez le toucher sans sensation de brûlure, c'est qu'il ne risque pas de repartir.

× Même un simple feu de camp n'est pas anodin pour la terre

Un foyer détruit la vie en surface et empêche un renouvellement de la flore pour plusieurs années. Un petit feu vous chauffera autant qu'un grand, à condition de vous en approcher ! Plus le feu sera petit, moins il consommera de ressources, plus vous aurez le contrôle et plus vous serez respectueux de votre environnement.

Par temps sec un foyer d'environ 30 centimètres de diamètre est suffisant. Par temps pluvieux, il vous sera plus facile de l'entretenir s'il fait environ 50 centimètres de diamètre.

× Pas de feu dans les forêts de résineux

Les essences de bois de sapins, pins, etc. peuvent s'embraser très facilement, avec une minuscule braise, et déclencher un incendie qui devient rapidement incontrôlable. Même si vous pensez avoir débarrassé la zone des épines sèches au sol, le feu peut se propager par les racines dans ces secteurs. Attention aussi aux branches basses, à vos vêtements et à votre tente.

Le choix de l'emplacement

Trouvez un espace nu, propre, et prévoyez d'avoir votre gourde d'eau à côté pour stopper immédiatement tout départ de feu hors de la zone.

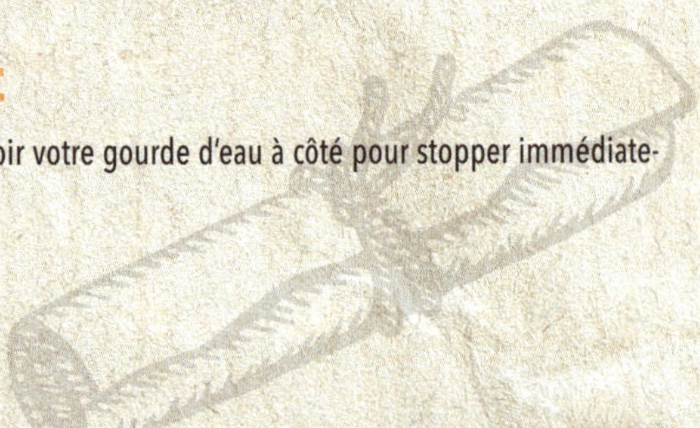

Débarrassez cet espace de tout élément inflammable, dans un rayon de 5 à 6 mètres autour du foyer : feuillages secs, pommes de pin, branchettes basses... Une zone plane sera préférable pour éviter la chute de braises ou de morceaux de bois enflammés.

× Sécurisez le foyer en construisant une table à feu

Apportez de la terre pour fabriquer un plateau de 10 centimètres de hauteur sur 60 centimètres de largeur, sur lequel vous démarrerez votre feu. Une fois le feu bien éteint, vous pourrez disséminer la terre aux alentours : aucune trace ne sera alors visible. La dimension du feu vous incitera à conserver un foyer de taille modeste, ce qui est plus sécurisant. Des scouts vont jusqu'à fabriquer des tables à feu de 60 centimètres de hauteur pour ne laisser aucun impact au sol.

En cas de grand vent, cherchez un espace protégé, à cause du risque d'étendue des flammes. Vous pouvez aussi utiliser une paroi rocheuse naturelle comme pare-vent.

× Le « feu Dakota » ne laisse aucune trace

Autre solution pour réchauffer son repas ou faire bouillir de l'eau avec une quantité minimale de ressources, le feu Dakota est sécurisé, surtout en cas de vent, et ne laisse aucune trace de son passage. Creusez un trou de 40 centimètres de diamètre et de 30 à 40 centimètres de profondeur. Ajoutez-y un petit tunnel en biais, que vous creuserez à la main. Ce tunnel d'oxygénation permet de poser une popote au-dessus de la flamme sans l'éteindre

Une fois terminé, il ne vous reste qu'à reboucher le trou.

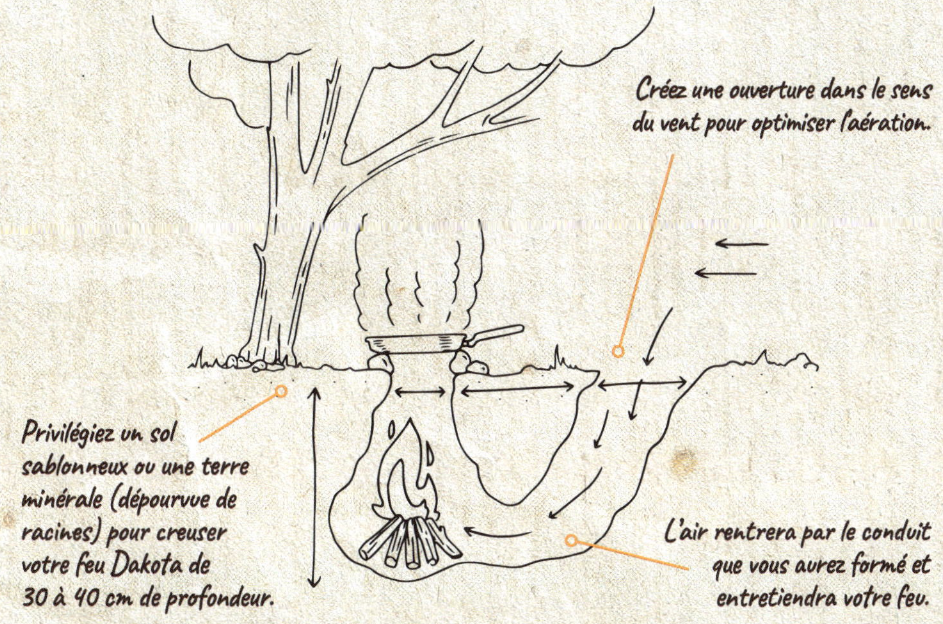

Principe de base

La recette du feu est simple : un combustible, de l'oxygène et une source de chaleur. Ces trois éléments, savamment dosés, entraîneront la naissance d'une flamme et sa croissance.

Le combustible devra être choisi avec le plus grand soin en fonction du biotope.

× Prenez des matériaux secs

Pour vérifier s'ils sont secs, faites ce test : posez la tranche du morceau de bois sur votre lèvre. S'il est humide, vous aurez une sensation de froid. Au contraire, s'il est bien sec, vous le sentirez plus facilement qu'avec la main.

× Élevez la flamme tel un être vivant

À la naissance, elle sera frêle et fragile : nourrissez-la de brindilles fines que vous poserez délicatement pour ne pas l'étouffer. Puis au fur et à mesure de sa croissance, vous lui fournirez du combustible de plus en plus gros. Une fois adulte, elle saura se débrouiller avec ce que vous lui donnerez : du bois de moins bonne qualité, voire humide, finira par se consumer.

× Préparez votre combustible en trois tas

Plus les conditions sont défavorables, plus vous augmenterez la dimension de ces tas pour mettre un maximum de chances de votre côté : les ressources sont rares et précieuses, votre démarrage de feu doit être un succès dès le premier essai.

Le premier tas : du bois très fin et bien craquant

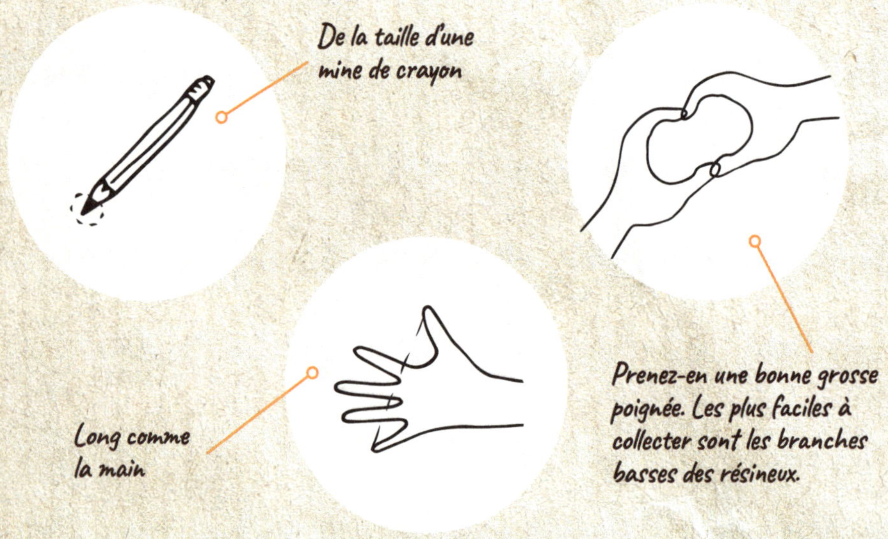

Le deuxième tas : du bois d'allumage

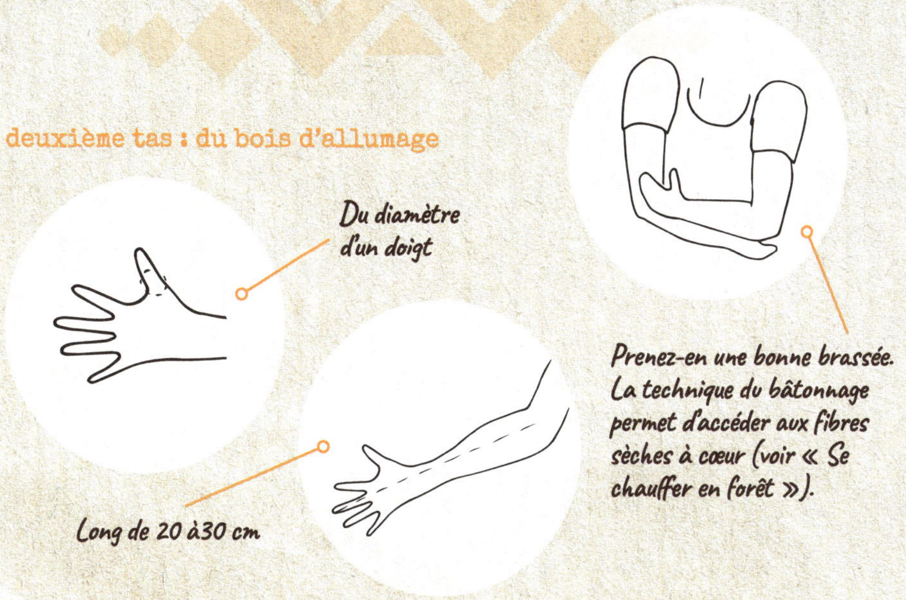

Le troisième tas : du bois d'entretien

Rappelez-vous : vous visez un petit feu facilement maîtrisable et source de chaleur, pas un brasier qui deviendrait dangereux et impossible à éteindre avec une gourde ou une pelletée de terre !

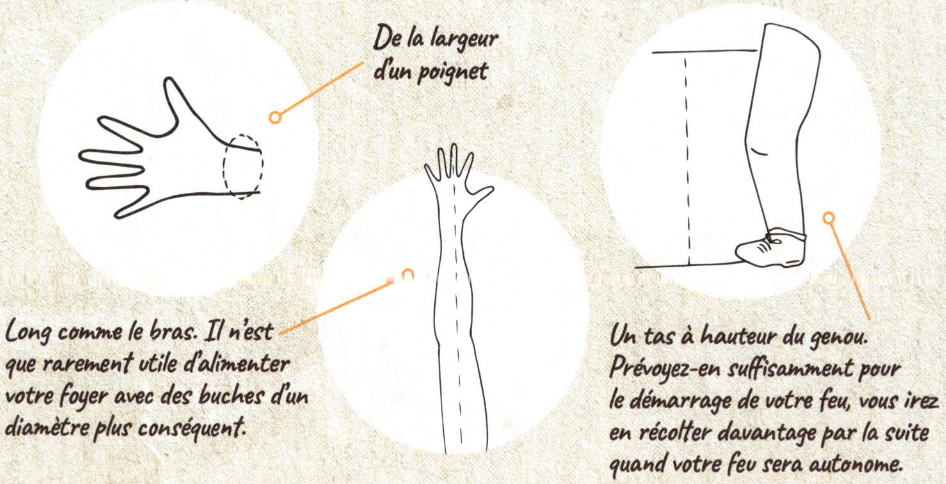

RECORDS DE KOH-LANTA

2014 : Marc, en 2 minutes et Sara, qui a fait le feu en plusieurs jours, mais qui reste la seule et unique femme à avoir fait du feu.

2018 : Ludovic a réussi à faire le feu deux fois dans une même saison, en moins de 24 heures.

De nombreux initiateurs et méthodes d'allumage

Chacun possède ses avantages et ses inconvénients. Nous détaillerons l'utilisation de chacun dans le biotope qui nous a semblé le plus approprié.

Nom	Coût	Résistance à l'humidité	Résistance au vent	Technicité	Préparation de l'allume-feu (1 = grossier, 5 =très minutieux)
Firesteel	15 à 20 €	5/5	2/5	3/5	3/5
Allumettes tempête dites de survie	0,5 €	3/5	4/5	2/5	2/5
Allumettes en bois ou en carton	0,001 €	0/5	0/5	2/5	2/5
Briquet à essence	15 €	4/5	4/5	2/5	2/5
Briquet classique	2 €	1/5	1/5	2/5	2/5
Bloc de magnésium	10	5/5	1/5	4/5	3/5
Solaire (loupe)	10 à 15 €	5/5	2/5	4/5	4/5
Percussion (pyrite ou marcassite ou semelle carbonée)	0 €	4/5	1/5	4/5	5/5
Friction (bois ou bambou)	0 €	0/5	1/5	5/5	5/5

Les techniques sélectionnées pour chaque biotope sont adaptées à celui-ci, mais certaines peuvent bien évidemment être transposées dans d'autres environnements.

SE CHAUFFER... dans la forêt

L'abondance du bois et la relative fraicheur des nuits en fait le biotope de prédilection du feu de camp. Comme ailleurs, vérifiez la législation et la sécurité avant de démarrer votre feu.

Le feu

La quantité de carburant disponible en forêt rend cet environnement idéal pour s'initier, à condition de respecter toutes les conditions de sécurité et législatives.

× Le *firesteel*

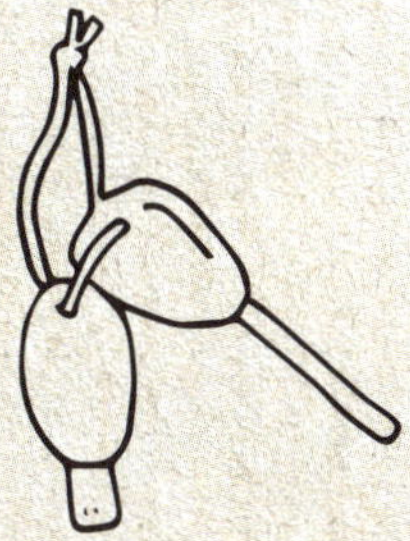

La pluie peut mettre l'ensemble des briquets hors service. Alors mieux vaut avoir son *firesteel* ! C'est un bâton de ferrocérium que l'on gratte sur une arête vive (un grattoir spécifique ou le dos d'un couteau) et qui produit une étincelle à 3 000 °C. La logique est implacable : plus votre bâton est gros, plus les étincelles seront gaillardes !

Le bloc de magnésium est équipé d'une tige de ferrocérium : pour l'utiliser, grattez une quantité de copeaux de magnésium équivalente à une pièce de 1 €. L'étincelle produite par le firesteel permettra d'obtenir une seconde de flamme. Il est plus long à mettre en œuvre et nécessite une dextérité fine, souvent entamée par la fatigue ou le froid. La tige de ferrocérium étant un peu chétive, les étincelles seront moins efficaces.

× L'allume-feu

Dans la forêt, après avoir sélectionné votre emplacement et collecté du bois d'allumage, réparti en trois tas, l'allume-feu permettra de capter l'étincelle du *firesteel* et de la transformer en flamme.

Il existe plusieurs allume-feu naturels.

- L'écorce de bouleau : prélevez-la de préférence sur un arbre mort ou, avec grande parcimonie, sur un arbre vivant. Riche en bétuline, fine comme du papier à cigarette, la petite peau blanche en surface s'enflamme, même humide. Si elle est mouillée, frottez la face interne contre votre pantalon pour retirer la partie marron (le cambium) et la sécher grossièrement. Avec la pointe du couteau, ôtez délicatement la couche superficielle, pour faciliter l'accroche de l'étincelle.
- Le bois gras : on le reconnait par sa couleur rougeâtre, son aspect vitrifié et son odeur de térébenthine. Il est produit par les pins qui saturent de résine. Les branches mortes se collectent en coupant à ras

du tronc les moignons des branches basses. Vous pouvez le réduire en très fins copeaux, telles des poussières, pour l'enflammer au *firesteel*, ou le bâtonner pour récupérer quelques allumettes qui doperont le démarrage de votre feu.

- Les fibres de massettes ou graines à dissémination aérienne : elles tiendront peu la flamme, mais s'enflammeront assez facilement.

Pour confectionner à l'avance un allume-feu chez vous, prenez du coton imbibé de vaseline (dérivé de pétrole) ou un coton à démaquiller enduit de cire de bougie fondue, ou encore des bouloches de vêtements mêlés à de la solution hydroalcoolique ou du baume à lèvre. L'important est de combiner une fibre sèche (qui convertira l'étincelle) à un produit inflammable (qui maintiendra la flamme quelques précieuses secondes ou minutes).

Copeaux de bois gras en complément d'un allume-feu en bouleau

× Et s'il pleut ?

Vous pouvez bâtonner des branches pour extraire les fibres du bois encore sèches au cœur du tronçon.

Mode d'emploi

① Installez-vous de manière sécurisée, sur un appui stable, abrité sous un poncho ou un tarp.

② Utilisez un couteau de camp à lame fixe, comme un fendoir. Sélectionnez une section de bois d'un diamètre inférieur à la longueur de votre lame idéalement compris entre 6 et 15 centimètres, d'une longueur de 20 à 40 centimètres (si la section est plus longue, vous éprouverez plus de difficulté à la refendre). Servez-vous d'un second morceau de bois de bonne qualité comme d'une masse. Frappez sur le dos de votre couteau, tranchant vers l'extérieur, pour ouvrir la bûche dans la longueur.

3. Si besoin, répétez l'opération jusqu'à obtenir des baguettes de bois de l'épaisseur d'une mine de crayon.

4. Une fois votre flamme obtenue, disposez sans attendre le combustible (en commençant par le premier tas). Laissez suffisamment d'air circuler pour ne pas étouffer le feu, tout en apportant assez de carburant pour ne pas manquer de chaleur. Dès que la flamme dépasse du bois, mettez en place le deuxième tas.

Voyez gros au démarrage, puis réajustez pour entretenir un foyer modeste.

Eléonore en plein bâtonnage : sur un support stable, le tranchant vers l'extérieur.

× Utilisez un bon isolant de sol pour la nuit

Dans ce climat relativement tempéré, les risques d'hypothermie ou d'hyperthermie sont minorés. La source majeure de refroidissement viendra du sol : c'est ce qu'on appelle la conduction. Un contact avec un corps froid vous fera perdre des calories. Pour vous en protéger, vous devez rompre ce contact.

Un matelas type carré mousse résiste bien aux ronces et offre un bon R-value (unité de mesure de la capacité d'isolation). Un sol nu offre un R-value de 0, c'est-à-dire qu'on y dort confortablement sans sensation de froid jusqu'à 16 °C. Le R-value du matelas mousse est compris entre 2,2 et 2,8, c'est-à-dire que vous dormirez confortablement entre –3 °C et 1 °C.

L'alternative naturelle consiste à fabriquer un isolant à base de branches de sapins et de feuillage mort et sec : une couche de 60 centimètres non tassée vous isole du froid jusqu'à environ 0 °C. Le feuillage est aussi un bon rembourrage pour créer un isolant de fortune.

CONSEIL DE L'AVENTURIER

Confectionnez votre sac de couchage

Prenez 2 chemises et cousez-les ensemble bord à bord. Rembourrez l'espace entre les deux à l'aide des végétaux secs : vous obtenez une doudoune improvisée ! En conservant ce même principe, vous pouvez confectionner un édredon avec une couverture de survie que vous pliez en deux. Remplissez du garnissage et scotchez les bords : c'est comme un sac de couchage !

RECORD DE KOH-LANTA

En 2018, les aventuriers de l'équipe rouge ont dû survivre 11 jours sans feu.

SE CHAUFFER...
sur une île déserte

En milieu tropical, les températures extérieures limitent le risque d'hypothermie. Le feu vous sera utile pour cuisiner ou rendre votre eau potable. La difficulté en journée sera de réguler votre température en la faisant baisser.

Le feu par friction

Même si les pluies tropicales peuvent impacter vos chances de réussite, la chaleur est telle que les matériaux sèchent aux premiers rayons du soleil. Le taux d'humidité, très élevé sur les terres, est bien plus bas dès lors que vous restez sur la plage : soleil et ventilation diminuent le phénomène.

× La technique

Il s'agit de créer une friction entre une drille (une baguette cylindrique) et une planchette, soit à la main (on parle de *hand drill*), soit à l'aide d'un arc (on parle de feu à l'archet ou *bow drill*). Le frottement provoque alors un échauffement qui, à force de monter en température, finit par créer une braise. La seconde étape permet de convertir cette braise en flamme.

× Préparez votre kit feu

Pour le choix des essences de bois, l'essentiel est d'avoir un kit rigoureusement préparé et un geste sûr et régulier.

1. Sélectionnez une drille, la plus droite et cylindrique possible. Le bois doit être assez dense et la même essence peut être utilisée pour la planchette, à condition de former une sciure fine lors de la friction. Le diamètre peut varier de 1 à 3 centimètres et la hauteur de 15 à 40 centimètres. Votre planchette doit être la plus plane possible, également de bois sec. Vous y ferez un avant-trou proche du bord, à une distance à peine supérieure au rayon de la drille.

2. Faites une encoche moyenne. C'est par là que la sciure s'accumulera avant de s'embraser. Les Sans, tribu primitive d'Afrique australe, utilisent un kit pour le *hand drill* constitué d'une baguette de 30 à 40 centimètres de haut pour moins de 1 centimètre de diamètre et d'une planchette de 1 à 2 centimètres de large.

× Avec un archet : mode d'emploi

1. Prenez un bois souple pour former un grand arc d'au moins de 50 à 60 centimètres de long. Plus il sera long et plus vos mouvements seront amples, ce qui vous facilitera la tâche au début. La corde devra être bien tendue.

② Fabriquez un pommeau : prenez un morceau de coquillage épais ou de bois dur, assez gros pour tenir dans la paume de votre main et vous protéger de la chaleur de la friction.

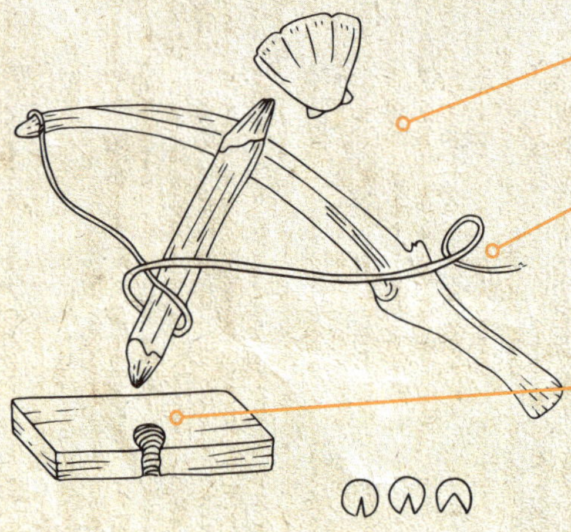

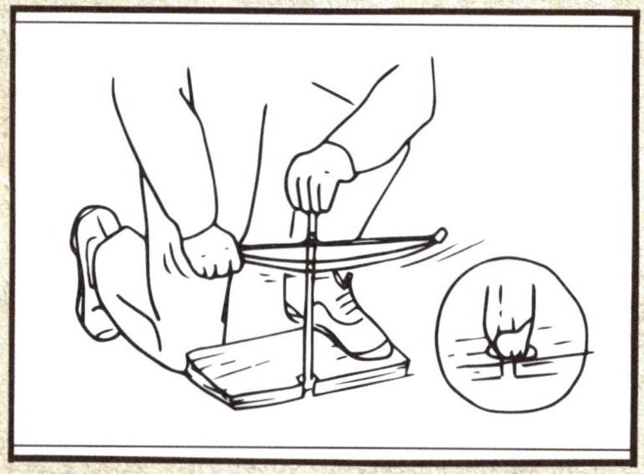

③ Préparez un nid de végétaux fins, secs, duveteux ou très effilochés : fibres de pandanus ou de coco, bambou râpé ou réduit en copeaux, herbes sèches… Gardez-le précieusement à portée de main.

④ Positionnez-vous comme sur l'illustration, glissez une feuille sous l'encoche et commencez à actionner l'archet d'un mouvement régulier pour faire tourner la drille. Une fumée devrait rapidement apparaître.

⑤ Poursuivez ainsi en accélérant progressivement et, à mesure que la fumée s'épaissit, augmentez la pression sur le pommeau en conservant un rythme très soutenu avec l'archet.

⑥ Après quelques minutes d'effort, retirez délicatement la drille en maintenant la planchette au sol. Si la fumée persiste, bravo ! La braise est là ! Transférez-la dans le nid délicatement.

⑦ Sans la quitter des yeux, refermez un peu le nid et soufflez très doucement dessus pour l'attiser. Le point rougeoyant va grossir et une fumée opaque va s'élever.

⑧ Gardez bien le nid entre les mains et soufflez, la température de la braise va finir par augmenter et par enflammer la fumée (il s'agit en fait de gaz de pyrolyse), puis les végétaux.

× Avec du bambou : mode d’emploi

1. Fendez dans la longueur 2 tronçons de bambous de plus de 4 centimètres de diamètre et de 120 centimètres de long. Gardez un des morceaux de côté, ce sera votre « rail ».
2. Sur le second, percez au centre un tout petit trou avec la pointe du couteau, depuis l’intérieur, et faites une légère encoche sur l’extérieur, dans le sens de la largeur, qui vous servira de guide juste au niveau de votre trou. À l’aide de votre couteau, raclez la surface d’une autre section de bambou pour récolter de très fins frisottis et faites-en un bon nid. Placez-le dans votre bambou percé et calez-le à l’aide d’une baguette au-dessus du trou.
3. Mettez-vous debout et frottez l’encoche du bambou contenant les copeaux en va-et-vient le long d’une des arêtes du « rail ». La friction va produire un échauffement, puis une braise dans votre nid, que vous n’aurez plus qu’à convertir en flamme.

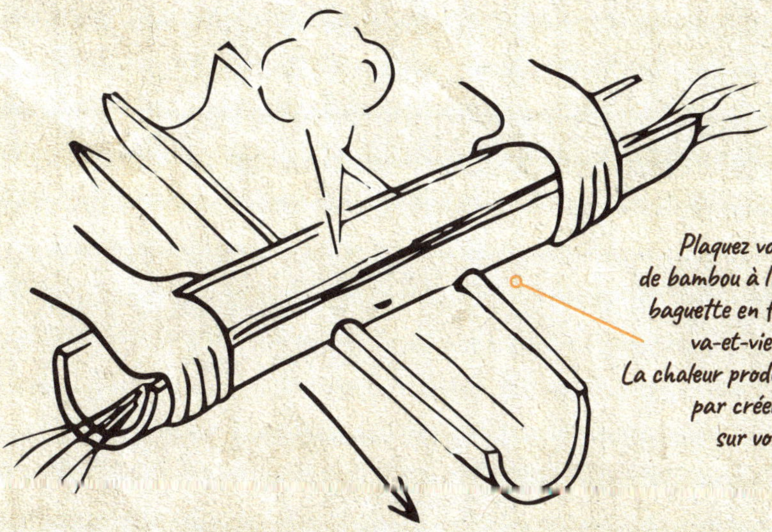

Plaquez vos copeaux de bambou à l’aide d’une baguette en faisant un va-et-vient rapide. La chaleur produite finira par créer un tison sur vos copeaux.

Le maintien de la température

× Pour vous rafraichir

Le climat est doux et il fait rarement froid, même la nuit. La difficulté de l’homéothermie est d’éviter le coup de chaleur. Utilisez la *shemagh* que vous allez mouiller et positionner sur votre tête et autour du cou. L’évaporation vous rafraichira et, comme les échanges de température se font pour 50 % du corps au niveau de la tête et du cou, les bienfaits seront immédiats !

SE CHAUFFER...
dans la jungle

Malgré la chaleur la journée, les nuits peuvent se rafraîchir. Le vrai challenge de cet environnement sera la gestion de l'humidité, à la fois conductrice de chaud et de froid, et handicapante pour l'allumage du feu.

Le feu

Dans un milieu où le taux d'humidité frôle les 100 %, le feu est indispensable, mais l'exercice d'allumage est loin d'être aisé.

× Installez un abri pour le feu

Utilisez des feuilles de palmier pour protéger votre espace feu de la pluie. C'est la clé de la réussite ! Vous pouvez utiliser la même méthode à échelle réduite que celle présentée dans le chapitre « S'abriter ».

× Les éléments pour le démarrage du feu

Les techniques de bâtonnage sont peu efficaces dans la jungle, car le bois reste humide, même à cœur. Il faudra faire preuve de patience et être opportuniste pour trouver de bons éléments , comme un nid de termites sec.

Même avec des moyens modernes de type briquets, allumettes ou autres, l'exercice est difficile. Préférez un *firesteel*, plus résilient face à l'humidité qu'un briquet.

Vous pouvez utiliser du bois sec avec la machette pour en faire des vermicelles très fins.

Si, par chance, votre route croise celle d'un morceau de bois de qualité acceptable, réservez-le pour votre feu du soir.

× La bougie de type chauffe-plat

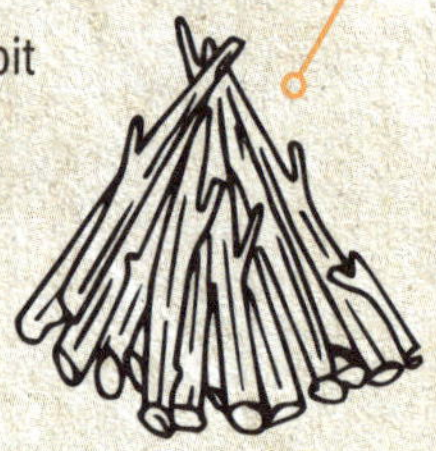

Bougie type chauffe plat au cœur du tas de petit bois

Utilisée par la plupart des locaux, elle permet de cibler la flamme à un endroit précis, de la conserver plusieurs longues minutes, puis de chauffer l'écorce humide et enfin d'enflammer du bois progressivement plus épais. Fendez très finement les morceaux de bambou pour en extraire des baguettes et armez-vous de patience. Le démarrage du feu dans ces conditions prendra plusieurs dizaines de minutes. Il faudra parfois attendre presque une heure avant d'avoir une flamme gaillarde.

> ⚠ Redoublez de vigilance lors du ramassage de bois mort. C'est la cachette idéale pour les serpents et les scorpions. Faites impérativement vos réserves avant la tombée de la nuit, pour voir la zone de ramassage.

Le maintien de la température

× Prenez en compte l'indice humidex

L'eau est un élément 20 fois plus conductrice que l'air. Plus le taux d'humidité est élevé, plus la chaleur est étouffante (et le froid saisissant). Les météorologues ont mis au point l'indice humidex qui rend compte des effets combinés de l'humidité et de la chaleur. Il permet ainsi de connaître la température ressentie : quand il fait 35 °C par 80 % d'humidité, la chaleur qui s'applique sur le corps humain est en réalité de 54 °C ! Économisez donc vos efforts et hydratez-vous très régulièrement.

Température (°C)

Humidité relative (%)	21	25	30	31	32	33	34	35	36	37	38	39	40	41	42	43
20											40	41	43	44	46	47
30			31	33	34	36	37	38	40	42	43	45	47	48	50	51
40		26	34	35	37	39	40	42	44	45	47	49	51	53	54	56
50	22	28	36	38	40	41	43	45	47	49	51	53	55	57		
60	24	30	38	40	42	44	46	48	50	52	54	57				
70	25	32	41	43	45	47	49	51	53	56	58					
80	26	33	43	45	47	50	52	54	57	59						
90	28	35	45	48	50	52	55	57	60							
100	29	37	48	50	53	55	58									

Source : Research Gate

Aucun inconfort — Inconfort — Grand inconfort — Danger – coup de chaleur imminent

SE CHAUFFER...
dans le désert

Les écarts de températures extrêmes dans les déserts obligent à une gestion fine de votre régulation thermique. Les nuits peuvent être aussi froides que les journées sont écrasantes de chaleur.

Le feu

Malgré la rareté des combustibles, vous devriez pouvoir initier votre feu sans difficulté, grâce à l'extrême sécheresse.

× Les éléments pour démarrer du feu

Les ressources sont rares, mais vous trouverez du combustible si vous êtes attentif. Pour faire face aux températures nocturnes fraîches (voire froides), ramassez du bois quand vous en trouvez et stockez-le au maximum. Les cactus peuvent être utilisés, surtout les raquettes un peu sèches. Mais attention aux épines ou à la toxicité de certaines espèces : leur fumée pourrait vous empoisonner ou entraîner une cécité temporaire. Renseignez-vous auprès des locaux avant votre expédition sur les dangers et les ressources majeurs.

× Utilisez les rayons du soleil

Cette méthode consiste à détourner un objet pour concentrer les rayons du soleil. Les objets les plus utilisés sont :

- le verre de lunettes ;
- la loupe ;
- le fond de bouteille en verre ;
- le préservatif rempli d'eau.

En tenant la loupe ou un objet d'effet équivalent à une dizaine de centimètres d'un allume-feu très sec et fin (type herbes sèches, paille, écorce de cactus finement hachée), vous verrez apparaître un point lumineux sur votre combustible. Il faut que cette sphère soit la plus petite et ronde possible. Jouez ainsi sur la distance de votre loupe pour l'obtenir.

En quelques secondes, les premières fumées apparaissent. Maintenez votre loupe en restant parfaitement immobile jusqu'à l'obtention d'une braise. En soufflant doucement dessus, vous pourrez convertir cette braise en flamme. Veillez à avoir votre petit bois et votre stock de combustible à portée de main. Pas question de commencer à chercher après avoir obtenu votre flamme. Cette dernière sera éphémère et vous ne disposerez que de quelques secondes pour concrétiser le tout.

Loupe utilisée pour graver du bois

Le maintien de la température

× Jouez avec la convection

Après la conduction et l'évaporation, la convection est le troisième mécanisme qui permet d'échanger des calories avec l'environnement. C'est aussi ce qu'on appelle le refroidissement éolien ou, plus simplement, le courant d'air !

Faute de vent, vous pourrez recréer des microcourants d'air dans vos combinaisons d'équipement.

Évitez de vous exposer au soleil ou à la chaleur aux heures les plus dures de la journée. Réservez vos déplacements pour les débuts et fins de journée.

Le désert, un biotope particulièrement redoutable

SE CHAUFFER…

en moyenne montagne

Le risque en montagne consiste à sous-estimer une éventuelle hypothermie et à s'équiper trop légèrement. Pourtant, au moindre nuage et en fin de journée, les températures chutent radicalement : même pour une randonnée de courte durée, prévoyez de quoi vous réchauffer, car votre sortie pourrait se prolonger à la suite d'un imprévu ou d'une météo inattendue.

Le feu

× Utilisez un réchaud

La montagne offre une quantité variable de ressources combustibles, mais passé une certaine altitude (au-delà de 2 200 à 2 400 mètres), il n'y a plus d'arbres. C'est ce qu'on appelle l'étage alpin et l'étage nival. Les écosystèmes y sont souvent très fragiles, c'est pourquoi les feux sont totalement proscrits sur la plupart de ces secteurs. Optez pour un réchaud, éventuellement sans flamme pour vos repas, comme des sachets autochauffants.

Le maintien de la température

× Des variations de température majeures, même à altitude modérée

La chaleur se perd ou se gagne en priorité par la tête et le cou (pour plus de la moitié du corps), et par quatre grands mécanismes :

- les radiations du soleil, du corps humain, d'une bougie ou d'un feu ;
- la conduction, c'est-à-dire le contact avec un corps froid ou chaud d'où l'importance de s'en isoler ;
- la convection, qui correspond au refroidissement par les courants d'air ou les vents ;
- l'évaporation ou le changement d'état de l'eau au contact du corps, qui occasionne une perte de chaleur.

Équipez-vous assez légèrement en journée pour ne pas transpirer lors des efforts.

× Si vous êtes transi par le froid, mettez en place un « point chaud »

C'est une technique qui tire avantage de tous ces mécanismes d'échange thermique. Enveloppez-vous d'une couverture de survie pour renvoyer vos propres radiations et couper la convection. Isolez-vous de tout contact avec le sol et enfilez des vêtements secs pour vous prémunir de l'évaporation. Le gain de chaleur sera immédiat !

Vous pouvez améliorer le point chaud en improvisant une bouillotte à partir d'un récipient contenant de l'eau chaude.

SE CHAUFFER...

en haute montagne et en milieu polaire

Milieux extrêmes par excellence, l'environnement polaire et la haute altitude ne laissent aucune place à l'approximation quant à la gestion du froid. Le feu ne sera pas possible au sol : vous devrez donc opter pour un équipement adapté.

Attention aux émanations de fumées ou au risque d'incendie lorsque vous réchauffez votre tente avec un réchaud.

Le feu

× Le réchaud à gaz

Fiable et peu encombrant, ce réchaud utilise un gaz liquéfié sous pression. La flamme est compacte et précise. Mais vous ne pouvez pas transporter de recharges dans vos bagages en avion et vous risquez de vous heurter à un problème de compatibilité de fixation (filetage, clip, à percer).

Optez pour un mélange propane/isopropane ou du propane, plutôt que pour du butane qui supporte mal les températures très froides et le vent. Si vous n'avez que du butane, réchauffez la cartouche avant de pouvoir l'utiliser, par exemple en la plaçant sous vos vêtements quelques heures avant l'utilisation. Il existe des modèles à cartouches inversées qui sont plus adaptés aux conditions extrêmes (températures en dessous de -10°, haute altitude).

× Le réchaud à essence ou multicombustible

Le carburant préconisé est l'essence de type C. Elle est optimale et encrasse peu les pièces mécaniques, mais ce réchaud peut être rempli d'essence, d'alcool à brûler, de gazole et de kérosène. Il est fourni avec plusieurs gicleurs qu'il faudra adapter en fonction du combustible.

Le principal avantage est que vous pouvez trouver de l'essence ou du gazole à l'achat partout dans le monde. Un système de pompe va mettre le liquide sous pression, puis le brûleur transformera le liquide en gaz.

Plus encombrant que le réchaud traditionnel, le réchaud à essence est malgré tout un gage de sureté et d'efficacité.

Ces modèles sont utilisables sous toutes les latitudes, par toutes les températures. La plupart ont d'ailleurs la possibilité d'y mettre une cartouche de gaz, c'est donc un matériel très polyvalent. Prenez-en soin, nettoyez régulièrement les gicleurs, et prenez garde au transport du carburant (souvent dans une bouteille métallique prévue à cet effet).

Le maintien de la température

Voici des conseils pour bénéficier d'un maximum de chaleur pour la nuit (en plus d'un bon isolant au sol).

- Videz-vous la vessie avant de vous coucher : le volume d'urine serait inutile à chauffer.
- Si vous avez le luxe de pouvoir le faire : nettoyez-vous. Les sels de transpiration de la journée maintiennent une couche légèrement humide sur la peau. Rappelez-vous le coefficient humidex : si vous êtes moite, le froid n'en sera que plus saisissant !
- Mangez calorique et chaud le soir. Préparez éventuellement un bouillon ou une tisane que vous boirez une fois dans votre duvet.
- Préparez une bouillotte dans un bidon bien hermétique et glissez-la dans le duvet 15 minutes avant de vous coucher. Vous sentirez ses bienfaits jusqu'à 6 heures durant.
- Sortez le duvet de 30 minutes à 1 heure avant de vous coucher pour qu'il puisse reprendre tout son gonflant.
- Découvrez-vous pour dormir : une couche de vêtements thermiques fins type mérinos suffit. Des vêtements épais comprimeraient l'isolant du sac de couchage et compromettraient son efficacité.
- Enfilez une paire de chaussettes amples. Si elles compriment, la circulation sera ralentie : pieds glacés garantis ! Décollez-les légèrement de vos orteils pour former une petite poche d'air isolant.
- Couvrez-vous la tête, fermez soigneusement la capuche et éventuellement la collerette. Quand il fait frais, seul votre nez dépasse du duvet.

Les conseils de Maud

Quels sont les aliments que vous avez consommés sur l'île ?

On avait peu de noix de coco. Pourtant, au bout d'une semaine, nous en étions écœurés ! Le but fut alors d'essayer de l'accommoder : la cuire, la râper, la couper en petits morceaux, la présenter différemment. Les cocos étaient également consommées légèrement germées : remplies d'une boule un peu sucrée, elles nous ont permis de tenir le coup. Lors d'une épreuve de confort, notre équipe a gagné le kit de pêche. Il contenait un filet et une canne. Pouvoir attraper du poisson était extra ! L'île regorge de nourriture mais… à nous d'ouvrir les yeux et de connaître la nature. Elle est si bien faite ! Il y avait les cœurs de palmier, le manioc, l'igname, le taro, une sorte de pain de singe, tellement de choses quand on sait les reconnaître. Les Rouges ont bénéficié d'un autre confort, celui d'aller dans le « jardin d'Eden » d'un Fidjien avec toutes sortes de fruits. Pouvoir en emporter fut un pur bonheur pour notre tribu ! Une autre fois, juste avant la réunification, loin de ce que la nature pouvait nous offrir en « prêt à manger »… nous avons remporté un gâteau !

Que mange-t-on réellement pendant l'aventure ?

Un peu de tout mais vraiment pas beaucoup ! Du pandanus, qu'on mâchouille, pour avoir l'impression de faire un repas. Souvent, on faisait cuire des bernard-l'hermite dans l'eau (je ne sais pas si j'en mangerais en dehors de Koh-Lanta !) : nous cassions les coquilles comme nous le pouvions (avec des pierres ou à la machette) et laissions le tout dans le bouillon « pour donner du goût ». À ne surtout pas faire ! Ne mangez pas les pattes un peu ramollies et croustillantes ou, par paresse, certains restes de coquilles que vous avez en bouche… J'en ai été malade : j'ai vomi sept fois durant la nuit ! Hormis les bernard-l'hermite, il y a bien sûr les coquillages et les crabes : l'alimentation se trouve dans les végétaux, sur les rochers, sur le sable, dans et sur la terre, etc. Brice, à la réunification, nous a fait goûter des lézards grillés. C'était bon !

Il ne faut rien banaliser. Ces petites doses cumulées sont précieuses. L'inverse est vrai aussi : si on prend un mauvais aliment, on risque de se dénutrir, et c'est la pire des choses ! Il ne faut pas faire n'importe quoi, comme manger le repas d'un animal. À titre d'exemple, nous avions récupéré un poisson attrapé par un requin, lui-même pris dans nos filets…Le requin étant une espèce protégée, nous l'avions libéré. Le poisson quant à lui, ancienne proie du requin, était abandonné dans nos filets… Nous avons voulu le cuisiner : une horreur ! Ce poisson avait sans doute été recraché par le requin et la bile de ce dernier avait déjà envahi la chair du poisson : inutile de dire que mes réjouissances pour le repas n'ont duré que le temps que je goûte et recrache la chair infâme ! Ainsi, en survie, il est bon de ne manger que ce que l'on a pêché ou chassé soi-même !

Quels sont vos conseils pour conjuguer exercice physique intense et petites rations ?

Toujours manger lentement car l'impression de satiété vient après vingt minutes. S'alimenter régulièrement et rester prudent. Le mieux est de faire des réserves et de manger petit à petit. Le petit-déjeuner est évidemment le repas le plus important, puisque c'est en journée que nous brûlons un maximum de calories par nos activités. En fait, il faut être raisonnable et en principe, le soir, une simple soupe (voire moins sur Koh-Lanta) est suffisante.

La canne à sucre offre un regain d'énergie avant les épreuves, mais son effet est de courte durée. Il vaut mieux préférer des sucres lents dans la journée, le riz par exemple. Si on a la chance d'avoir une banane, cela peut aussi faire du bien avant une épreuve. Il faut choisir son moment pour chaque aliment, se connaître et, si le plaisir de la canne à sucre est réel, inutile de croire que son effet durera des heures ! Cet aliment fait un bien fou mais, après un bon pic d'énergie, survient la baisse…comme un feu de paille !

SE NOURRIR

Les plantes

Il est indispensable de connaître la comestibilité et le mode de préparation de la plante que l'on s'apprête à consommer. Une erreur peut être fatale, même avec une quantité minime !

× Identifiez trois ou quatre espèces comestibles

Apprenez d'abord à identifier des espèces comestibles présentes en abondance dans le milieu où vous allez évoluer. Petit à petit, vous apprendrez à en reconnaître de nouvelles, en fonction des saisons. Votre répertoire botanique s'étoffera, ce qui vous permettra d'être autonome. Certaines plantes sont comestibles crues mais pas cuites ou l'inverse. Parfois, on peut ingérer des parties mais pas d'autres.

× Prélevez des plantes loin des zones de pollution

Éloignez-vous des routes carrossables, de l'activité humaine, des champs cultivés. Choisissez des plantes de 30 à 40 centimètres de hauteur : les végétaux au ras du sol peuvent être en contact avec des déjections animales, et donc transmettre des maladies et des parasitoses. Par exemple, en Europe, le plus grand risque de contamination vient de l'échinococcose alvéolaire, un parasite très répandu transmis par les selles des carnivores (de renard, de chien, etc.), qui va contaminer l'homme en cas d'ingestion. Cette larve, enkystée dans le foie, provoque (parfois 10 ou 15 ans plus tard) des troubles importants pouvant mener à la mort. Laver les plantes ne suffit pas. Seule la cuisson peut détruire les œufs d'échinococcose (1 minute à 100 °C).

× Comment vérifier qu'un aliment n'est pas toxique ?

Voici une méthode bien connue de l'armée.

- Placez une petite partie écrasée du végétal au creux de votre coude et attendez 15 minutes pour vous assurer de l'absence de réaction.
- Placez une petite partie écrasée sur vos lèvres et attendez 15 minutes.
- Placez-en une à l'intérieur de la bouche, et attendez 15 minutes.
- Ingérez-en une quantité minime et ne mangez plus rien les 8 heures suivantes.

Sur le terrain, cette méthode n'est pas forcément conseillée, car elle est très risquée et plusieurs plantes mortelles risquent de passer les premières étapes jusqu'à la consommation. Le mieux reste de s'informer sur les ressources de chaque biotope avant le départ.

× Cueillez avec raison

Hors situation de survie réelle, prenez au maximum un tiers des ressources disponibles pour votre consommation, laissez un tiers pour les animaux et un tiers pour la régénération de la plante.

La pêche

Apprenez à identifier les poissons comestibles avant votre aventure et méfiez-vous des poissons aux couleurs vives ! Renseignez-vous aussi sur la législation avant de partir.

On distingue la pêche dynamique (pêche à la ligne, à la main ou à la mouche) de la pêche passive (lignes de fond, nasses ou pièges à déclencheurs).

× Le kit de pêche minimaliste

- ○ *un peu de fil nylon résistant*
- ○ *5 à 6 hameçons de tailles assorties*
- ○ *4 ou 5 plombs*
- ○ *1 flotteur*

Vous pouvez ajouter :

- *quelques leurres souples ou animés (type cuillère)*
- *une ligne de fond pré-montée*
- *2 gros plombs de 80 grammes ou plus*
- *3 émerillons*
- *un peu de tresse (du fil de pêche plus gros et résistant)*

× Montage « passe partout » d'une ligne de pêche utilisable en eau douce ou en mer calme

La longueur du bas de ligne doit être adaptée à la profondeur de pêche souhaitée. Si les fonds sont peu profonds, raccourcissez votre bas de ligne pour éviter de l'accrocher dans des algues ou des coraux.

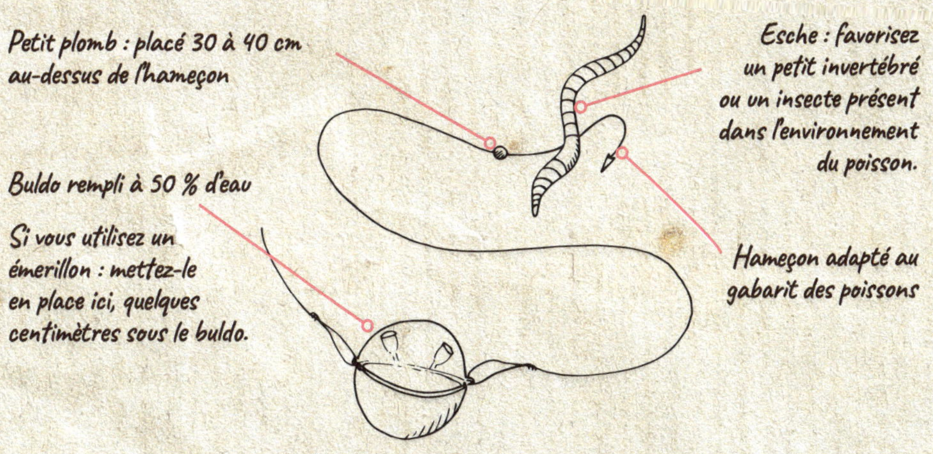

Les insectes et les invertébrés

× Une source alimentaire intéressante

Source alimentaire intéressante, certains insectes et invertébrés se consomment crus, d'autres doivent être cuits. Même s'ils semblent très petits, leur abondance en fait un repas potentiel.

Méfiez-vous de tous les insectes qui arborent des couleurs vives.

Les escargots

Cuisez-les systématiquement après les avoir fait dégorger. Crus, ils sont vecteurs de bactéries.

Les mollusques et les crustacés

Synonymes de protéines, généralement faciles à collecter, sans risque majeur, vous apprendrez rapidement à repérer leurs zones de vie et à choisir le moment idéal pour les ramasser (souvent à marée basse).

CONSEIL DE L'AVENTURIER

Les bases de la chasse

Le piégeage est généralement assimilé à du braconnage : pensez à vérifier la législation. En cas de nécessité absolue, vous pourriez envisager la pose de pièges. Dans ce cas, optez pour les collets simples, qui sont les plus faciles à installer. Placez-les à proximité des coulées et des zones de passage.

SE NOURRIR...
Dans la forêt

Les ressources sont nombreuses et restent disponibles même en hiver (en quantité moindre). Quelques connaissances et un peu de pratique vous permettront de vous nourrir ou d'améliorer votre ordinaire.

Les plantes

L'ortie

Elle est présente en abondance, surtout sur les sols azotés.

Un critère infaillible pour l'identifier : c'est la seule qui pique ! Ses poils urticants perdent leur piquant une fois la plante hachée finement, fauchée et laissée à l'air libre 2 heures, déshydratée ou cuite.

Vous pouvez consommer les feuilles, cuites ou crues, ou les graines, pour relever une salade, par exemple. Cuisinez l'ortie comme des épinards.

C'est la championne de la survie : elle est très riche en vitamine C, en fer (on l'appelle la plante antianémique) et en protéines (40 % de protéine sur la masse sèche).

Si elle ne pique pas, c'est alors une ortie blanche, aussi appelée lamier blanc. Comestible, elle possède néanmoins des propriétés nutritives moins intéressantes.

Le pissenlit

Il est présent en abondance.

Dans le pissenlit, tout se mange : feuilles, fleurs et racines, crues ou cuites. Les fleurs, elles, apporteront une touche de couleur à votre repas.

Le pissenlit appartient à la famille de la chicorée. On peut donc laver ses racines, les torréfier (griller à sec) et les réduire en poudre en les écrasant, pour les consommer comme un café ou une chicorée.

Le pissenlit a des propriétés diurétiques.

Il existe 3 sous-espèces comestibles de plantain.

Le plantain

Le grand plantain, le plantain moyen et le plantain lancéolé se trouvent sur les sols très denses et tassés, comme les bords des chemins. On les distingue à leurs feuilles, de formes variées rondes ou plus allongées.

Leurs feuilles se consomment crues ou cuites, surtout jeunes, lorsqu'elles sont plus tendres. Les fleurs donnent un parfum de champignon de Paris aux salades et aux potages.

Le plantain possède des propriétés anti-inflammatoires.

Les fougères

On les trouve dans les sous-bois.

Connues pour leur toxicité (elles contiennent des dérivés de cyanure), elles sont cependant comestibles au printemps lorsqu'elles sortent de terre sous forme de crosse de violon. Il faut alors les faire cuire durant une dizaine de minutes, puis les accommoder comme des asperges ou les poêler.

Elles sont riches en protéine et possèdent des propriétés antioxydantes.

Le cynorhodon

C'est le faux fruit de l'églantier ou rosier sauvage. De couleur rouge, il est présent en hiver et mesure 2 à 3 centimètres.

Pour le consommer, il faut l'ouvrir et retirer ses poils. Après les premières gelées, lorsque le fruit est un peu blet, vous pouvez en extraire la chair facilement en le pressant entre vos doigts : la pulpe sort et les poils restent dans la peau.

Extrêmement riche en vitamine C, sa chair se consomme crue ou cuite, comme une compotée.

Le cynorhodon est aussi surnommé « gratte-cul », car il contient des poils urticants qu'on utilise comme poil à gratter.

La faine

C'est le fruit du hêtre, qui se consomme comme les noisettes.

Récoltez en les graines de forme pyramidale à l'intérieur de leur coque. Sachant qu'elles sont toxiques en grande quantité, faites-les griller après les avoir fait tremper plusieurs heures dans de l'eau, pour éliminer le tanin. Elle sera moins toxique après plusieurs bains.

Les graines de faine sont riches en lipides (40 % de matière grasse).

Les invertébrés

Le lombric

Riches en protéines et présents en abondance, les vers de terre permettent de s'alimenter facilement. Retirez au maximum la terre qu'ils contiennent en les faisant dégorger ou en les ouvrant en deux pour les vider, puis faites-les cuire.

SE NOURRIR...
sur une île déserte

Ce biotope est riche en ressources. Pêche, cueillette, piégeage, collecte d'invertébrés... vous trouverez de quoi assurer l'intégralité de votre alimentation à condition d'y passer un peu de temps !

Les plantes

La noix de coco

Elle est l'un des meilleurs alliés en survie, quel que soit son stade de maturation : fraîche, très mûre ou sous forme de germe, elle est toujours comestible. Plus elle est fraîche et tendre, plus elle est laxative, plus elle est ferme et plus elle est riche en lipides !

Le germe de coco, à la texture un peu mousseuse, est moins sucré et permet de varier les goûts.

Récupérez une noix de coco dont le germe est déjà sorti, et coupez-la en deux : vous pouvez manger ce qui ressemble à une mousse blanche ferme.

Le pandanus

Cet arbre est reconnaissable à ses grandes racines-échasses sortant à l'air libre et à ses feuilles larges aux bords tranchants. Les feuilles sont utilisées pour la cuisson de papillotes de poisson ou de riz, qu'elles parfument.

Détachez les nodules du fruit puis faites-le cuire longuement et enlevez la chair à la base (l'extrémité étant trop fibreuse pour être mangée). Riche et nutritif, le fruit du pandanus a un goût qui peut rappeler celui de la patate douce, lorsqu'il est très mûr.

Le bambou

Les turions (pousses) de bambou sont tous comestibles, tout comme le cœur de la plante. Pour limiter l'amertume, faites-les cuire, bouillir ou griller avec leurs gaines. En les épluchant, sortez la partie tendre et blanche au centre. Faites bouillir les pousses environ 20 minutes avant de les consommer.

Le manioc

Ne le consommez pas cru (il contient un dérivé de cyanure) ! Ses racines sont riches en glucides. Pour le rendre comestible, cuisez le tubercule plusieurs dizaines de minutes. Vous pouvez le consommer comme un légume ou le réduire en farine.

La pêche

× Les lignes de fond

La mise en place de lignes de fond peut se révéler très efficace, à condition d'aller relever les lignes très régulièrement (toutes les heures, idéalement), sinon vos prises risquent d'être mangées par d'autres poissons plus gros. Vérifiez la réglementation locale avant toute installation.

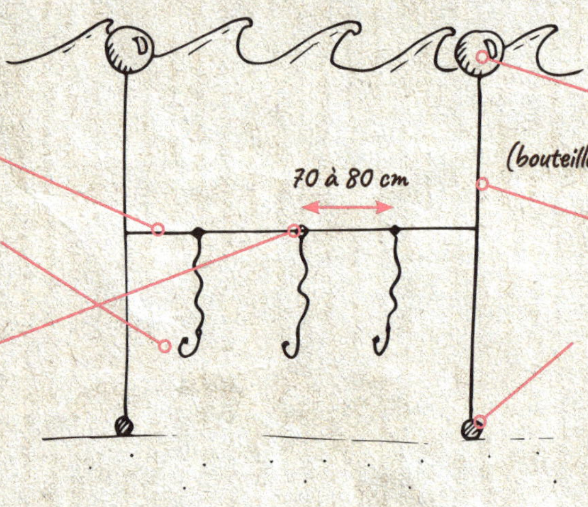

Avant la cuisson, écaillez et videz les poissons, sauf s'ils mesurent moins de 10 centimètres. Pensez à réutiliser les restes (têtes et queues) pour faire un bouillon de poisson dans de l'eau douce ou de l'eau de coco. Laissez mijoter longuement pour en extraire les micronutriments.

× Le piégeage à marée basse

La fabrication d'un harpon facilitera le piégeage des poissons à marée basse ou la collecte de crustacés. Crabes de coco, bernard-l'ermite et autres petits crabes sont des mets de choix !

Collecte à marée basse

Les insectes

Les espèces suivantes se consomment crues ou cuites, mais certaines auront un goût très désagréable si elles viennent d'être tuées. Grillées, la plupart ont une saveur rappelant celle de la crevette. Les invertébrés offrent de bonnes ressources. Voici un comparatif des valeurs nutritionnelles des principaux insectes.

Insectes (aux 100 g)	Protéine (g)	Lipide (g)	Glucides (g)	Calcium (mg)	Fer (mg)
Scarabée d'eau	19,8	8,3	2,1	43,5	13,6
Fourmi rouge	13,9	3,5	2,9	47,8	5,7
Ver à soie	9,6	5,6	2,3	41,7	1,8
Scarabée	17,2	4,3	2	30,9	7,7
Criquet	12,9	5,5	5,1	75,8	9,5
Sauterelle	20,6	6,1	3,9	35,2	5,0
Hanneton	13,4	1,4	2,9	22,6	6,0

Source : Iowa state university entomology department

SE NOURRIR...
dans la jungle

La nourriture est abondante, mais il faudra soigneusement cibler vos sources d'alimentation, car une erreur pourrait être fatale.

Les plantes

Pour savoir quelles plantes ne sont pas toxiques, observez ce que mange le singe-araignée : ce qu'il consomme est comestible pour l'homme. Attention, ce n'est pas valable pour les autres espèces de singes, qui s'alimentent parfois de fruits toxiques pour nous !

La noix de coco de jungle

Plus petite que celle des îles désertes, elle est tout aussi nutritive.

Le cœur de palmier se trouve au centre du tronc.

Le palmier

Présent en abondance, le cœur de palmier est très énergétique. Situé au sommet de l'arbre, le bourgeon terminal se mange cuit ou cru. Toutes les noix de tous les palmiers du continent américain sont comestibles, même si certaines sont moins savoureuses que d'autres.

Récupérez le cœur de palmier en taillant le tronc pour accéder à la partie tendre au centre. Il peut être consommé cru, mais il est meilleur et plus tendre s'il est blanchi à l'eau bouillante.

Le cacaotier

Au cœur du fruit, vous trouverez des fèves qu'il faut faire cuire sur le feu. C'est excellent, même si c'est un peu amer !

Des fèves de cacao blanc à faire cuire

Exemple de noix de coco
comestible dans la jungle

La pêche

× La pêche active

Le moyen le plus sûr et le plus simple de se nourrir reste la pêche : piranhas ou poissons-chats sont facilement capturés à l'aide d'un simple fil, d'un hameçon de petite taille, d'un plomb et d'un appât. Il n'est pas nécessaire d'avoir du matériel très technique hors de prix.

Voici le montage qu'utilisent les Quechuas en Équateur :

× Matériel

- un fil de pêche classique (environ 2 m d'une résistance de 5 à 7 kg, relié à un hameçon de moyenne taille (de 6 à 14).

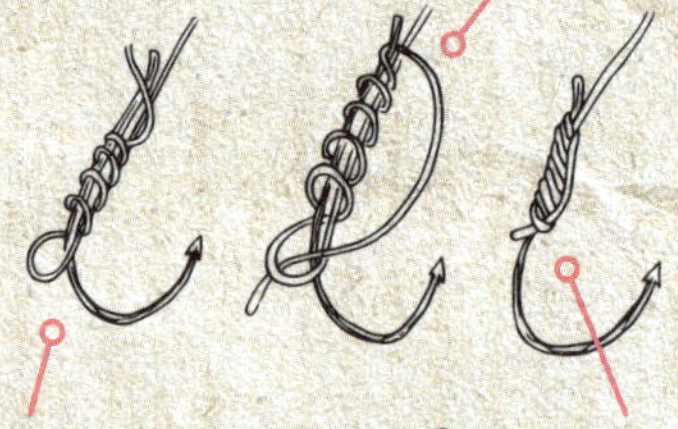

Technique

1. Ajoutez un plomb d'une dizaine de grammes minimum à votre montage, pour lester la ligne. Positionnez-le à une vingtaine de centimètres de l'hameçon pour éviter de tout emmêler au moment du lancer.
2. Capturez un nombre suffisant d'appâts. Vers de terre, sauterelles et insectes divers feront l'affaire. Veillez à les piquer au centre de l'hameçon pour éviter qu'ils se détachent au premier lancer.
3. Votre montage est prêt. Il vous suffit de tenir le fil près du plomb, puis de le lancer face à vous. Cela demande un petit peu d'entraînement, mais vous aurez rapidement vos premières prises. Plus votre appât bouge, plus vous augmentez vos chances de réussite.

× La pêche passive

Vous pouvez aussi réaliser un piège à poissons sous tension. Avec le même montage fil/plomb/hameçon, reliez le fil à un arbre souple en bord de rivière. Grâce à un système de fixation à entaille, lorsque le poisson tirera sur l'hameçon, le déclencheur se libérera, relâchant la tension dans la branche, et le poisson se retrouvera suspendu hors de l'eau.

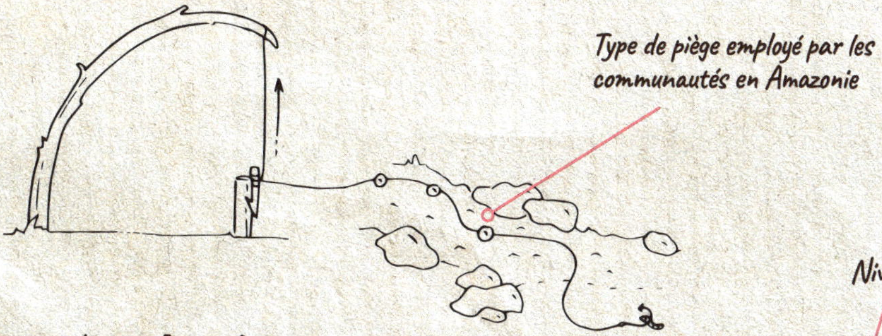

× La capture du poisson

Sans kit de pêche, certaines communautés anesthésient le poisson avec une nivrée, une plante ichtyotoxique. La roténone contenue à l'intérieur de la liane est toxique pour les poissons. Battez la liane afin de libérer la substance dans l'eau (en eau calme et peu profonde). Selon les pays, la technique de la pêche à la nivrée peut être interdite. Renseignez-vous avant de partir.

× La pêche à la machette

Quand on éclaire la surface de l'eau avec une lampe de nuit, le poisson remonte à la surface. Utilisez alors la partie supérieure de la machette pour venir assommer le poisson : avec un peu de dextérité, vous obtiendrez vite des résultats.

× La préparation des poissons

Avant d'être cuit, un poisson doit être vidé.

Technique

1. Ouvrez le poisson par l'anus avec un couteau.
2. Prolongez l'entaille en faisant remonter la lame vers la tête.
3. Accédez aux organes et retirez-les.
4. Écaillez le poisson et coupez les nageoires.
5. Rincez à l'eau.

Pour éviter les risques de contamination par des parasites, faites cuire vos poissons, directement dans la braise ou dans l'eau bouillante. Par exemple, les piranhas cuisent en à peine 4 minutes dans l'eau. Ne conservez pas le poisson dans la jungle plus de quelques heures : vous pourriez vous intoxiquer, car le climat, les bactéries et les parasites créent un environnement impropre à la préservation des aliments.

Les invertébrés

Le ver de palmier

Les grosses larves blanches qui se trouvent dans l'écorce de palmier sont riches en protéines. Faites-les cuire.

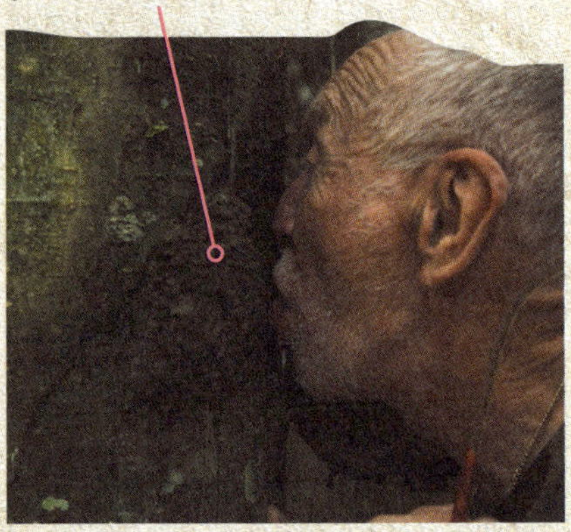

Les termites

Posez la langue sur l'arbre contenant un nid, puis frappez l'arbre pour créer des vibrations. Les termites sortiront et iront directement dans votre bouche. Ces insectes sont tellement petits que vous ne serez pas dégoûté à l'idée d'en manger.

Les fourmis-citrons

Un arbre isolé au milieu d'une clairière est un indicateur de leur présence. Les petites coques sur les branches sont les nids de ces fourmis : ouvrez-les au couteau et vous y trouverez des dizaines de fourmis.

SE NOURRIR... dans le désert

Les ressources sont limitées dans le désert et la capacité à se fournir en eau est souvent ardue. Trouver de la nourriture ne sera pas votre priorité ici, car la digestion consomme de l'eau. Les plantes comestibles varient en fonction des déserts, mais on se heurte encore une fois à l'incapacité de les faire bouillir dans l'eau. À savoir : en survie, comestible ne veut pas toujours dire goûteux...

Les plantes

La figue de Barbarie

Attention aux épines et aux poils urticants. Ouvrez-la par le dessus pour boire le liquide contenu, puis fendez-la en deux pour manger la chair comestible crue. Vous pouvez faire cuire les feuilles.

L'agave

Assez courante sur différents continents, elle fait des fleurs dont la tige peut se consommer après cuisson.

Le dattier

Variété de palmier d'Afrique. Privilégiez le fruit cru ou ses feuilles cuites.

L'acacia en Océanie et en Afrique

Les graines se consomment cuites sur la braise, et les feuilles cuites dans l'eau.

Les palmiers

Dans certains déserts, vous pouvez faire cuire les fleurs et la chair de l'écorce ou consommer la noix de coco (le cocotier est une espèce de palmier).

Le melon du désert

Ce fruit, que l'on trouve dans le Sahara ou au Botswana, est très bon une fois cuit.

Le pain de singe

C'est le fruit du baobab, dans la savane africaine : le fruit se mange cru et est très riche en antioxydants.

Les invertébrés

Énergivore, la chasse n'est pas conseillée. Il est cependant possible de trouver quelques insectes ou reptiles faciles à attraper.

Les sauterelles, les criquets et les grillons

Faites-les cuire après avoir retiré les pattes, la tête et les ailes.

CONSEIL DE L'AVENTURIER

La cuisson

× *La méthode des Touaregs*

Les Touaregs préparent la taguella, une forme de pain traditionnel cuit dans la cendre. Mélangez une tasse de farine avec une pincée de sel, puis délayez avec une toute petite quantité d'eau. Ajoutez très progressivement l'eau (la quantité dépend de la qualité et du type de farine), jusqu'à obtenir une pâte bien souple et non collante. En parallèle, faites un feu sur le sable. Dès qu'il n'y a plus de flammes, étalez les braises, puis faites un trou de 5 centimètres de profondeur au cœur des cendres, dans le sable. Posez la pâte dans le trou et recouvrez-la de cendres. Vous obtiendrez ainsi un pain très agréable et qui ne croque pas sous la dent !

× *La méthode des Sans*

Dans le désert du Kalahari, les Sans (aussi appelés Bushmen) cuisent les œufs d'autruche de la même façon que la taguella. Ils cassent l'œuf directement dans le lit de braises et le laissent cuire dans le sable. C'est surprenant et particulièrement bon.

SE NOURRIR...
en moyenne montagne

Environnement minéral par définition, la moyenne montagne offre tout de même quelques sources de nourriture. Il est difficile de s'alimenter à 100 % de ce que la nature nous y offre. Selon les saisons, vous trouverez un complément consistant à vos rations.

Les plantes

Les pins et les sapins

Pins et sapins sont présents en toute saison. Au printemps, les bourgeons tendres et d'un vert franc se mangent crus ou agrémentent une salade en apportant un goût acidulé. L'hiver, les aiguilles vous permettent de préparer une infusion riche en vitamine C : coupez 2 ou 3 branches et plongez-les dans une tasse d'eau bouillante durant 5 bonnes minutes. Retirez les branches et buvez !

Les champignons

Les risques d'erreurs sont bien connus. Apprenez à identifier 1 ou 2 espèces pour débuter, puis développez votre répertoire mycologique à mesure.

Les myrtilles

Elles poussent sur un petit arbrisseau dont les feuilles sont alternes, ovales et glabres, avec de petites dents. De couleur noirâtre à bleue, ces fruits sont comestibles crus, mais, comme ils poussent souvent au ras du sol, mieux vaut les faire cuire ou compoter pour éliminer tout risque d'échinococcose.

L'usnée barbue

Ce lichen gris, aussi appelé barbe de Jupiter, se trouve souvent sur les branches des résineux. C'est une source d'alimentation courante en Laponie et dans les pays arctiques. Un peu amer et très fibreux, il ne met pas en appétit. En revanche, en infusion ou décoction, il aurait des vertus fortifiantes.

Les insectes

Quelques sauterelles grillées à sec apportent un complément de protéines et aident à tromper la faim. Avec un peu d'imagination, vous pouvez leur trouver un goût de crevette ou de chips.

Les expéditions en moyenne montagne demandent beaucoup d'énergie. Il est donc important de s'alimenter suffisamment.

SE NOURRIR...

en haute montagne et en milieu polaire

Quand les températures descendent bien en dessous de zéro, les denrées alimentaires se font rares. Pour pallier le froid, vos besoins journaliers vont augmenter (2500 Kcal pour un homme, en moyenne, et 2100 Kcal pour une femme), voire doubler si les températures sont très basses et l'effort physique important.

× Privilégiez les lipides

Comparés à d'autres nutriments, à poids égal, les lipides (corps gras de type huile végétale) constituent une source énergétique plus importante. En expédition, emportez essentiellement de la nourriture lyophilisée, car celle-ci offre un meilleur ratio poids/énergie. En situation de survie, la tâche est ardue, à cause de la rareté des ressources et il faut parfois se contenter de lichens.

Le pemmican

Un bon apport lipidique utilisé par les peuples inuits est le pemmican. Chaque population a sa recette, mais il s'agit toujours d'un mélange de viande séchée réduite en poudre, de graisse animale, parfois amélioré d'épices ou de baies séchées. Le tout forme une pâte épaisse réputée pour se conserver durant des années. Sous nos latitudes, on peut le trouver dans certains magasins spécialisés en alimentation d'expédition. Le goût s'apparente à celui des rillettes. Le pemmican peut se manger seul, sur du pain, en ragoût ou dilué dans de l'eau pour en faire une soupe.

Les plantes

Les lichens, les aiguilles de pin et l'écorce d'épicéa

Utilisez-les pour vous faire des infusions. Vous pouvez également faire bouillir de l'écorce d'épicéa ou encore des lichens, qui conserveront un goût âpre après cuisson. Ils ont l'avantage de remplir un peu l'estomac et de tromper la faim !

La pêche

× La pêche sous glace : mode d'emploi

Pratiquée depuis longtemps par les peuples du nord comme les Inuits, la pêche sous la glace peut se révéler très efficace.

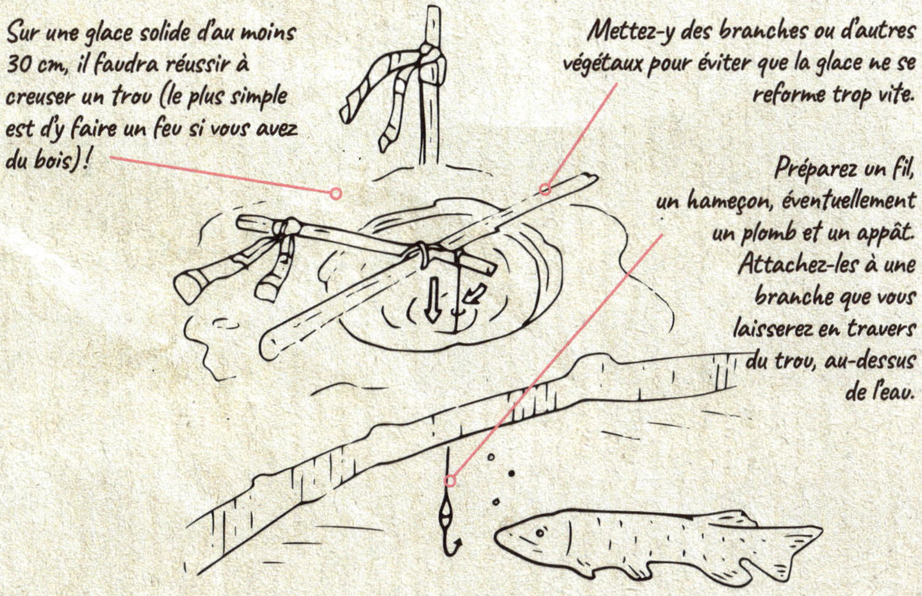

× Si vous n'avez pas de kit de pêche...

Vous pouvez retailler un fermoir de votre veste ou un morceau d'os pour faire un hameçon, utiliser un lacet en guise de fil… Mais ces techniques sont loin d'être optimales pour capturer du poisson. Sans appât, essayez de mettre un élément brillant dans l'eau en guise de leurre et faites-le bouger.

Une fois que vous avez capturé un poisson, utilisez les viscères en guise d'appât pour les suivants.

Les conseils de Maud

Quel souvenir gardez-vous de la course d'orientation de Koh-Lanta ?

Un souvenir hyper stressant, et pourtant j'étais à l'aise techniquement.
Au départ de l'épreuve, je me repère facilement en forêt. J'ai mémorisé les couleurs symbolisant le cap à prendre pour les balises (nord, sud, est …). Le plan est facile et clair. J'ai pris le temps de me retourner pour avoir des repères au retour. Tout va bien, je trouve rapidement la balise MAIS… au moment où je dois trouver le poignard en comptant les pas, je constate avec horreur que Clo arrive… Je ne veux pas qu'elle sache où j'en suis. Je cherche sur la zone indiquée par la balise mais ne reste jamais longtemps… afin qu'elle pense que je n'ai encore rien trouvé. Malheureusement, j'ai fait mes 26 pas mais - ayant cherché à être très discrète - je ne suis pas sûre que la taille de mes enjambées soit régulière. Après une heure de recherche, j'hésite, je perds confiance : et si je m'étais trompée depuis le début ? Avec la fatigue, la faim, le froid, l'esprit n'est plus toujours clair. Je retourne à la table d'orientation pour être sûre de la couleur… qui était EXACTE, quelle perte de temps ! Puis je reviens dans ma zone… Clo me colle à nouveau ! Comble de tout, Aurélien arrive également : nous sommes à trois sur la zone ! Aurélien est actif et finit par trouver, lui aussi, la balise. Au moment où il fait ses pas, je comprends que les miens étaient trop petits. Je me contrôle, je dois absolument garder mon calme ! J'avance en parallèle de mon compagnon d'aventure : selon moi, son azimut est trop sur la droite. Je pars un peu plus à gauche… un arbre… un manche qui dépasse… je l'ai, je serai en FINALE !!! Je suis sauvée !

Quels sont vos conseils pour se déplacer efficacement et sans risque ?

Quand on utilise une carte, toujours confirmer que la direction suivie est la bonne. Il faut comparer la direction et la cohérence avec le terrain et se retourner. Si, sur la carte, un chemin est indiqué sans issue et que nous devons prendre à droite avant la fin de ce dernier, on peut contrôler s'il s'agit effectivement du dernier embranchement… pour autant que la fin du chemin ne soit pas à 10 km, évidemment !
Lors de l'orientation à Koh-Lanta, on a parfois besoin de rapidement retourner à la table pour se repérer. Casser une branche régulièrement sur le parcours pour baliser le passage peut se révéler utile.
Dans la nature, on peut se guider avec le soleil, les étoiles, l'eau ou… un peu de bon sens. Dans certains cas, il vaut mieux se déplacer avec un bâton pour écarter les branches pouvant accueillir insectes, serpents et autres habitants pas nécessairement inoffensifs ! Aux abords d'une rivière, il faut s'assurer que le sol est stable et il vaut mieux ne pas marcher pieds nus, même sur une plage en bord de mer.

Et selon les biotopes ?

Tenir compte du milieu est primordial. On marche différemment en montagne, en ville ou dans le désert. S'aider d'un piolet en montagne est très utile. Mais il faut savoir observer avant tout. Sur un glacier, en fonction des risques de plaques, on va être encordé, et quand on a peur d'avoir une crevasse, on évolue en rampant… Dans le désert, les Bédouins savent reconnaître les formes générales des dunes. Des vaguelettes uniformes sur les hauteurs sablées indiquent le vent dominant. Une fois identifié, le Bédouin dispose d'une précieuse boussole naturelle. De nuit, dans le désert, c'est magnifique de s'orienter avec les étoiles : l'obscurité est telle que regarder le ciel est magique !
Peu importe où on se trouve, s'il y a une rivière, la descendre permettra la plupart du temps de croiser un village ou un fleuve ou la mer… De plus, il est intéressant de connaître les « habitants » de l'eau : mieux vaut avoir une truite pour voisine, qu'un crocodile ou un requin !
Qu'il s'agisse de la mer, d'un fleuve ou d'une rivière, il est essentiel de ne pas ignorer la force des courants. Rien n'est anodin. Mais, que la nature est belle ! N'oubliez pas d'admirer !

SE DÉPLACER

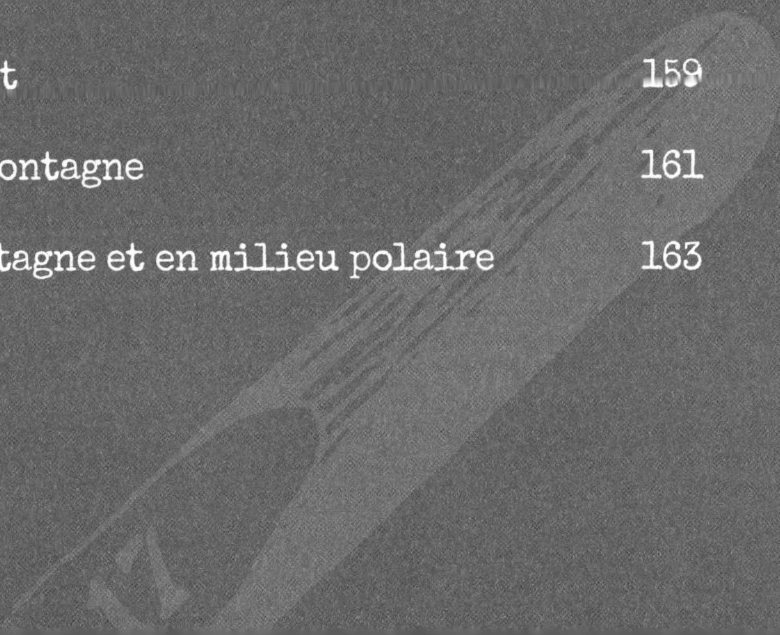

SE DÉPLACER...
dans la forêt

Le déplacement en forêt peut sembler facile grâce aux nombreux chemins qui sillonnent les bois. Mais le profil des chemins et des allées est sans cesse modifié : forêts exploitées, création de nouvelles ornières, coulées d'animaux ou pistes recouvertes par la végétation. Pour arriver à bon port, une carte, une boussole et une bonne dose de rigueur seront vos alliées !

La navigation

× La légende

Les cartes topographiques facilitent les déplacements. En France, les cartes fournies par l'IGN (Institut géographique national) sont optimales. Sous d'autres latitudes, elles sont parfois moins précises. Dans tous les cas, référez-vous au cartouche (légende) de votre carte.

× L'échelle

L'échelle est le rapport entre la distance sur le terrain et la distance sur le papier. En général, la carte est à l'échelle 1/25 000 : 1 centimètre sur la carte représente 25 000 centimètres sur le terrain (1 centimètre = 250 mètres). Si vous n'avez pas besoin d'une précision millimétrée, optez pour l'échelle 1/50 000.

Pour évaluer une distance, mesurez votre tracé à l'aide d'une règle ou d'un petit morceau de ficelle pour suivre plus précisément un chemin sinueux, puis convertissez la mesure en fonction de l'échelle.

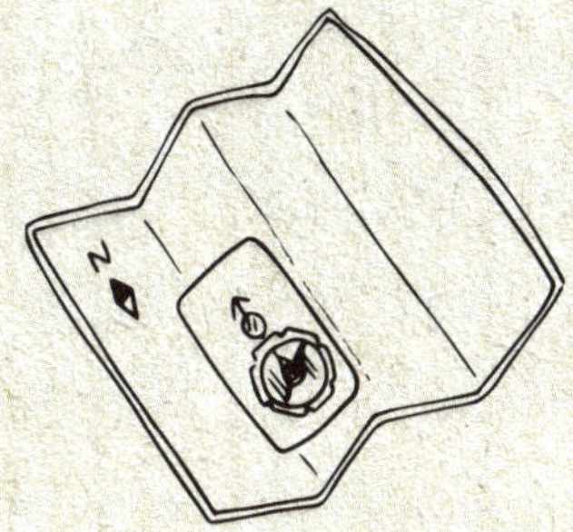

× L'orientation de la carte

Pour simplifier la transposition papier/terrain, orientez votre carte en faisant coïncider le nord de la carte avec le nord magnétique (c'est le point de la surface terrestre qui « attire » l'aiguille de la boussole).

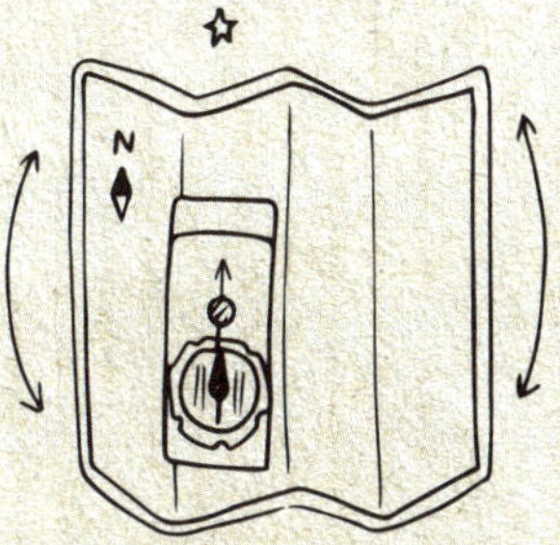

× La déclinaison magnétique

Sous certaines latitudes, il y a un décalage entre le nord géographique et le nord magnétique. Dans ce cas, vous devrez aligner l'aiguille de votre boussole avec l'axe de déclinaison magnétique, et non avec le nord géographique. Renseignez-vous avant votre départ, et surtout entraînez-vous car l'exercice n'est pas intuitif !

× La boussole d'orientation

La boussole d'orientation est constituée d'une aiguille mobile avec une extrémité rouge pointant le nord magnétique, d'une plaquette sur laquelle se trouve une flèche de direction et d'un cadran rotatif, gradué en degrés et muni d'une « cabane du nord » dessinée au fond. Cette cabane vous servira pour suivre un azimut, il vous faudra alors y loger l'aiguille mobile (voir la partie sur l'azimut ci-après).

Pour certaines manipulations, vous n'aurez besoin que de l'aiguille, et parfois du cadran rotatif ou de la flèche de direction. Au démarrage, suivez bien les consignes. Après quelques sorties, l'utilisation de la boussole deviendra intuitive.

Les techniques de déplacement

× Suivez les chemins

Pour vous rendre d'un point A à un point B, vous pourriez être tenté de vous déplacer en ligne droite à travers les bois. En réalité, cela vous ferait perdre du temps, car la progression peut être très complexe si la végétation est dense. Sur une carte, une piste présentée en trait discontinu ou une ligne de coupe peut avoir disparu sur le terrain, recouverte par la végétation. Un chemin blanc (représenté par une ou deux lignes continues) ou un itinéraire de grande randonnée ou d'intérêt touristique (représenté en violet) restera visible, même peu emprunté.

× Mesurer un azimut

Pour une précision accrue, il faut parfois connaître l'orientation d'une route par rapport au nord. C'est ce qu'on appelle l'azimut.

Bien maîtriser la mesure et le report d'azimut permet de savoir avec certitude quel chemin emprunter à une intersection multiple, de vous diriger d'un point A à un point B en l'absence de piste entre les deux ou de confirmer que vous êtes bien sur le bon itinéraire.

L'azimut est l'angle de votre tracé par rapport au nord (le nord étant le point zéro). Le plus simple est d'utiliser la boussole comme un rapporteur. Pour toute la manœuvre, ne vous souciez pas de l'aiguille de la boussole.

① Tracez ou repérez le chemin ou la direction que vous souhaitez suivre (ici de A vers B).

② Alignez le bord de la plaquette de la boussole en pointant la flèche de direction dans le sens souhaité de déplacement.

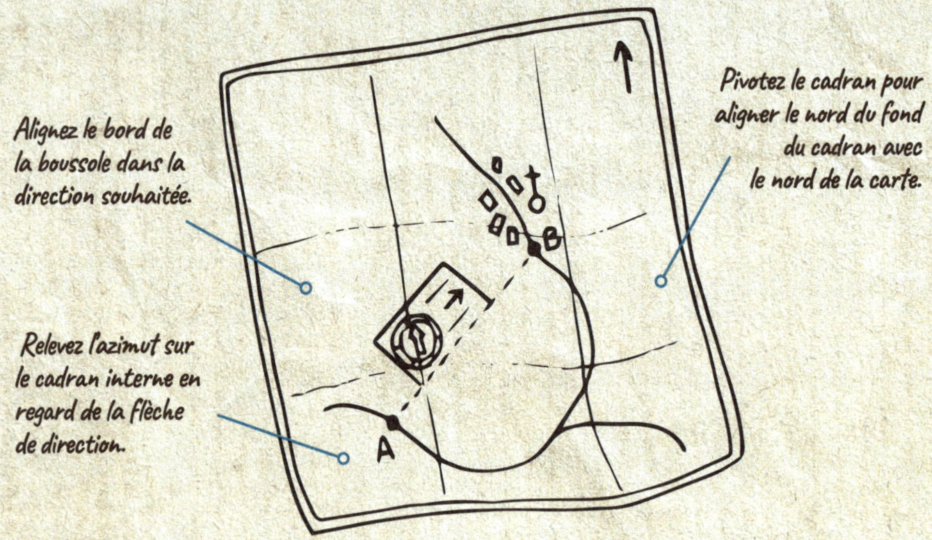

③ Tout en maintenant le bord de la plaquette aligné avec votre tracé, faites pivoter le cadran interne de la boussole pour aligner la cabane du nord (généralement une double flèche rouge au fond du cadran) avec le nord de la carte (habituellement parallèle au bord de la carte, pointant vers le haut).

④ Relevez votre azimut en lisant le chiffre en regard de la flèche de direction. La mesure sera comprise entre 0° et 360°.

× Suivre le bon azimut

① Faites pivoter le cadran de la boussole pour mettre le chiffre souhaité en regard de la flèche de direction.

② Pointez la boussole devant vous, de manière à avoir la flèche de direction dans l'alignement de votre regard, bras tendu.

③ Tournez sur vous-même, jusqu'à ce que l'aiguille nord de la boussole soit précisément sur la cabane du nord (double flèche dessinée au fond du cadran rotatif).

④ La flèche de direction pointe maintenant en direction de l'azimut indiqué. Prenez un repère visuel au loin et suivez-le.

Prise de visée pour reporter un azimut sur le terrain

SE DÉPLACER... sur une île déserte

Pour partir à la recherche d'eau potable ou de nourriture, vous devrez maîtriser tous les fondamentaux de la topographie. Pour pêcher en mer, vous apprendrez à faire des embarcations de fortune. Prudence ! Le courant pourra vite vous exposer à des situations très défavorables.

La navigation

× Dessinez une carte sommaire de votre zone de campement

Muni d'une boussole, visitez les environs de votre campement et dessinez une carte sommaire de la zone. La mesure des azimuts permet de se rapprocher au mieux de la réalité.

Ce sera généralement à vous de layonner (voir « Se déplacer dans la jungle ») pour créer des pistes depuis votre campement en direction des points d'intérêt : source d'eau douce, zone de pêche, arbres fruitiers, latrines, etc.

× Ne dérangez pas les animaux et soyez prudent

Vous pouvez également emprunter des coulées déjà créées par la faune locale, mais veillez à ne pas déranger les animaux, surtout ceux qui pourraient par la suite représenter une nuisance, voire un danger ! Pour des déplacements rapides et sécurisés, longez les plages et ne rentrez dans les terres que si c'est nécessaire.

Les techniques de déplacement

× Se déplacer en milieu aquatique naturel : une source de dangers

Même si vous êtes autonome en piscine, ayez conscience qu'en pleine mer, l'engagement physique et technique sera très différent, surtout lorsqu'elle est agitée ou qu'il y a des courants. Immergée dans l'eau froide, la peau se refroidira d'autant plus vite et l'hypothermie peut survenir en 10 à 15 minutes, même en zone équatoriale.

Avant même de vous mettre à l'eau, prenez quelques secondes pour observer la surface : vous voyez une tâche sombre et agitée ? Il s'agit sûrement d'un gros banc de poissons. S'ils sautillent en surface, c'est très probablement qu'ils sont pris en chasse par des prédateurs. Si de petits requins à pointe noire ne doivent pas vous inquiéter, méfiez-vous des gros barracudas (par exemple). Dans ce cas, optez pour une autre zone de baignade.

S'il y a une zone de mangrove, rappelez-vous que la vie y est très riche : murènes, raies, petits requins, serpents marins… Évitez d'y mettre les pieds, sauf si vous avez de la visibilité dans l'eau !

× Comment réagir face aux courants ?

Idéalement, n'allez dans l'eau que si vous vous sentez physiquement en forme. Si vous êtes pris dans un courant, ne cherchez pas à lutter, même si le littoral vous semble proche. Vous vous épuiseriez en quelques minutes. Laissez-vous dériver jusqu'à atteindre une zone plus calme, d'où vous pourrez nager sereinement jusqu'à la côte.

Astuce : trouvez-vous un flotteur de fortune pour amoindrir vos efforts dans l'eau. Vous pouvez en fabriquer un à partir d'un sac étanche rempli d'air, c'est redoutablement efficace !

Matériel

- ○ 2 gros tronçons de bambou d'environ 1 m de long
- ○ 2 segments de bambou moins épais de 1 à 1,5 m de long
- ○ 1 filet de pêche
- ○ Des végétaux légers
- ○ Un peu de ficelle

Construire son radeau

× Le flotteur en bambou

Pour des déplacements plus longs ou pour transporter votre matériel de pêche, fabriquez un radeau avec des végétaux, des détritus (blocs de polystyrène, tongs en mousse, filets de pêche…). Les ressources sont malheureusement innombrables sur le bord de mer, même éloigné d'une zone d'habitation.

① Formez un cadre en disposant les deux fins segments de bambou sur les deux tronçons plus gros et fixez le tout solidement à l'aide de la ficelle.

② Formez deux flotteurs en alignant et en fixant des bouteilles vides et fermées sous les segments de bambou fin.

③ Mettez en place le filet de pêche sur le dessus du flotteur en le tendant au mieux.

Matériel

- De la ficelle
- 1 bâche (minimum 2 × 3 m, plus elle est grande et mieux ce sera)
- Des perches de bois solide (bois vert ou bambou) de 0,5 à 2 m
- Des matériaux légers en grande quantité : bouteilles d'eau, végétation sèche, blocs de polystyrène…
- Pour les rames : du scotch tramé, 2 segments de bambou ou de bois de 1,5 m de long

× Le radeau de fortune

L'objectif est d'emprisonner dans une bâche étanche le plus gros volume d'air ou de matériaux légers possible.

1

Formez 2 flotteurs de la dimension souhaitée. Comme vous compacterez l'ensemble, la taille de l'embarcation sera plus réduite. La forme importe peu : ici, nous avons donné à l'ensemble une forme de pirogue pour naviguer plus facilement. Sur les photos, nous avons utilisé des résidus de filet de pêche pour assembler des feuilles de palmiers et des détritus s'il y en a.

2

Accolez vos flotteurs et fabriquez une plateforme rigide sur le dessus à l'aide de bois vert. La structure sera coupée bien à ras afin qu'aucun morceau de bois ne dépasse et ne risque de percer la bâche par la suite.

3

Enveloppez le tout extrêmement solidement dans la bâche. Soyez vigilant à ne pas la déchirer. Serrez bien à l'aide de ficelle.

4

Fabriquez les rames en fendant une extrémité de chacun de vos morceaux de bambou. Maintenez l'extrémité écartée à l'aide d'un petit segment de bois et enroulez cette partie d'adhésif tramé pour finaliser la rame.

SE DÉPLACER...
dans la jungle

Sous des températures élevées, avec un taux d'humidité important, et très peu cartographiée, la jungle n'est pas un endroit où il est facile de naviguer. Parfois couplé à de forts dénivelés, l'ensemble constitue un exercice physique et mental de haut vol. Les déplacements sont particulièrement complexes et le risque de se perdre important : faites preuve d'une extrême rigueur.

La navigation

× Oubliez tous les moyens de navigation classiques

L'épaisseur de la canopée ne permet pas de voir le soleil et les étoiles. Les azimuts (itinéraires tout droits) à la boussole sont tout simplement impossibles : la végétation est souvent pourvue d'épines imposantes, obligeant à faire de nombreux détours.

Procédez lentement pour ne pas vous blesser (le risque d'infection est particulièrement important), optez pour une chemise à manches longues et couvrez-vous les jambes.

Proscrivez les efforts inutiles : ne luttez pas contre les lianes et les ronces diverses, qui sont tellement solides que vous vous épuiseriez. Outre ces contraintes, avancez d'un pas lourd et bruyant, afin d'éloigner les rampants (comme les serpents) et diminuer le risque de morsures.

× Les moyens de navigation

Multipliez les outils de navigation : si vous êtes totalement dépendant de la technologie, imaginez la catastrophe en cas de panne ! Parfois, la communication satellitaire est aléatoire à cause de la densité de la canopée. Préférez donc les instruments à antenne externe qui, à l'usage, ont montré une meilleure efficacité en forêt dense. Privilégiez les piles au lithium, qui durent plus longtemps, et prenez-en en nombre suffisant.

L'outil de navigation indispensable est le GPS, mais cela nécessite un travail préalable de coordonnés : vous devez connaître le point d'arrivée ! Créé par l'armée américaine, le *Global Positioning System* est composé de 24 satellites (12 par hémisphère). Il est nécessaire de capter 4 satellites pour obtenir une position fiable à environ 10 mètres (dans certains pays, vous pouvez avoir une précision de 3 mètres grâce à un couplage avec une technologie terrestre).

× L'utilisation du GPS

Chaque marque a ses spécificités. Ce qu'il faut, c'est maîtriser son outil avant de partir. Avoir un GPS sans connaissance en topographie ne sert à rien. Dans la majorité des cas, on l'utilise pour trouver son point de station quand on est perdu. Il vous reste alors à reporter ce point sur votre carte en papier.

Soyez vigilant par rapport au paramétrage, car l'appareil est initialement programmé en latitude/longitude. En France par exemple, il faudra sélectionner les coordonnées UTM. En forêt primaire, c'est différent : dès que vous le pouvez, enregistrez les coordonnées du point où vous vous trouvez (*waypoints*), comme votre camp de base, la rivière ou encore votre point de départ.

Utilisez le fond de carte enregistré dans l'appareil, mais, attention, très peu de zones sont cartographiées dans la jungle. Vous pouvez aussi préparer votre tracé avec un logiciel et exporter un fichier GPX directement sur votre GPS. Ainsi, vous n'aurez plus qu'à suivre un itinéraire défini. Surtout, enregistrez votre tracé en cours. En cas de problème, vous pourrez rebrousser chemin en suivant la trace dans l'autre sens pour revenir à votre point de départ.

La densité de sa végétation fait de la jungle un biotope particulièrement complexe pour les déplacements.

Les techniques de déplacement

× La conduite à tenir si l'on pense être perdu

Ne vous déplacez pas la nuit. La jungle se réveille quand le soleil se couche : le simple fait d'allumer une lampe frontale vous expose à l'attaque de nombreux insectes ! La perte de repères est alors totale.

Mais alors, que faire ? Si vous êtes perdu, le plus simple consiste à descendre pour trouver un cours d'eau et le longer. Cela peut être long, mais c'est le moyen le plus sûr de retrouver la civilisation. Si vous ne trouvez pas de cours d'eau en descendant, il faudra rebrousser chemin. Dans l'idéal, restez sur la ligne de crête en espérant apercevoir une rivière.

× Les vitesses de progression

La végétation est tellement dense que la vitesse de progression peut être de l'ordre de 300 mètres par heure. Profitez donc d'une piste de gibier et contournez chaque obstacle. Si vous tentez de les escalader ou de passer en dessous, vous augmentez les risques de vous faire mordre par un serpent, comme le bothrops, qui se cache sous les souches de bois mort.

Prévoyez d'utiliser un grand bâton pour sonder la boue devant vous (vous serez parfois surpris par la profondeur) : sortir de ces tourbières demande un effort physique violent. Si vous êtes pris dans ces marais, ne vous débattez pas, vous vous enfoncerez encore plus vite. Utilisez une souche de bois pour vous hisser à l'extérieur.

× Les rivières et fleuves

Les ressources sont idéales pour fabriquer un radeau, mais en vous engageant sur une rivière inconnue vous risquez d'être confronté à des successions d'eaux calmes et de courants violents, voire de chutes d'eau de plusieurs dizaines de mètres ! Ces dangers sont incontrôlables à bord d'une embarcation de fortune. Préférez la méthode qui consiste à longer le cours d'eau, même si cela prend beaucoup plus de temps.

× L'usage de la machette pour ouvrir le chemin

Layonner, c'est-à-dire ouvrir un chemin à la machette, est un exercice très physique : avancez lentement, coupez le strict nécessaire, pour vous économiser, de haut en bas. Soyez observateur, car un coup porté dans un nid de mouches à feu (une sorte de guêpe) vous fera battre des records de vitesse de course à pied ! La lame doit être affûtée, et on doit l'entendre « chanter » à chaque coup porté.

Si vous êtes plusieurs, maintenez une distance de sécurité, car en armant la machette, l'ouvreur pourrait blesser le suiveur. Profitez de l'inertie de la lame que vous animerez d'un petit mouvement de poignet. Avec le poids de celle-ci, les végétaux se trancheront sans effort. Tout comme avec le couteau, gardez le tranchant de la machette loin de vous en travaillant vers l'extérieur, côté gauche ou droit, mais pas juste devant vous pour éviter un retour de lame dans les tibias (ou pire, la fémorale).

Dans la jungle, les obstacles sont nombreux. Les déplacements avec un sac à dos se révèlent rapidement inconfortables.

SE DÉPLACER...
dans le désert

Dans les lieux les plus arides de la planète, les déplacements à pied sont complexes. L'immensité favorise le risque de se perdre et les distances à parcourir sont très largement sous-estimées. En journée, l'effort physique engendre une production importante de chaleur interne couplée à une régulation thermique déjà conséquente à cause de la chaleur. Déplacez-vous uniquement de nuit ! La température ayant baissé, vous pourrez en plus parcourir beaucoup plus de distances, tout en économisant l'eau.

La navigation

× Trouver le nord sans boussole

Pour déterminer les points cardinaux, vous savez que le soleil se lève à l'est et se couche à l'ouest. En fonction du moment de la journée, vous pouvez déduire les quatre directions générales avec l'aide d'un simple bâton.

1. Plantez un bâton droit d'environ 1 m dans le sol.
2. Faites une marque au bout de l'ombre sur le sol.
3. Attendez 15 à 20 minutes.
4. Placez une nouvelle marque sur le bout de l'ombre, qui s'est déplacée.
5. En reliant les deux marques, vous obtenez l'axe est-ouest. Vous n'avez plus qu'à en déduire les points cardinaux, sachant que le soleil se lève à l'est.

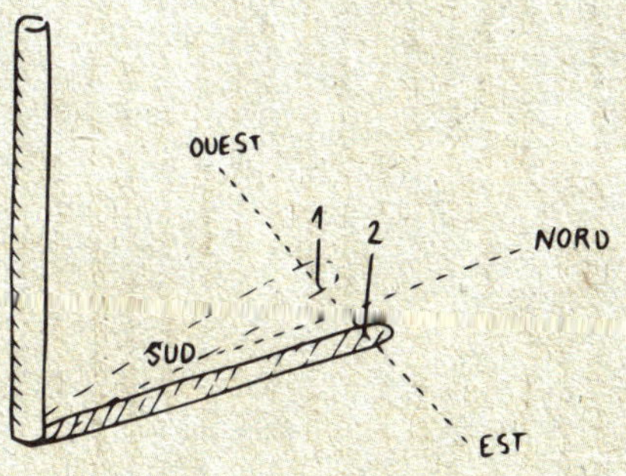

× Trouver le nord avec une montre

Réglez votre montre à aiguille sur l'heure solaire (renseignez-vous en fonction du pays où vous êtes). Par exemple : lorsqu'il est midi en France, il est 10 heures en heure solaire l'été, et 11 heures l'hiver.

Dans l'hémisphère nord

Pointez l'aiguille des heures vers le soleil : la ligne imaginaire (bissectrice) entre midi et la petite aiguille indique alors le sud. Sachant que le soleil se lève à l'est et se couche à l'ouest, l'heure de la journée permet de confirmer vos points cardinaux.

Si vous avez une montre digitale, tracez un cadran imaginaire au sol.

Dans cet exemple, il est 10 h 07 en heure solaire. La ligne imaginaire (bissectrice) entre midi et l'aiguille des heures (dirigée vers le soleil) indique l'axe nord-sud.

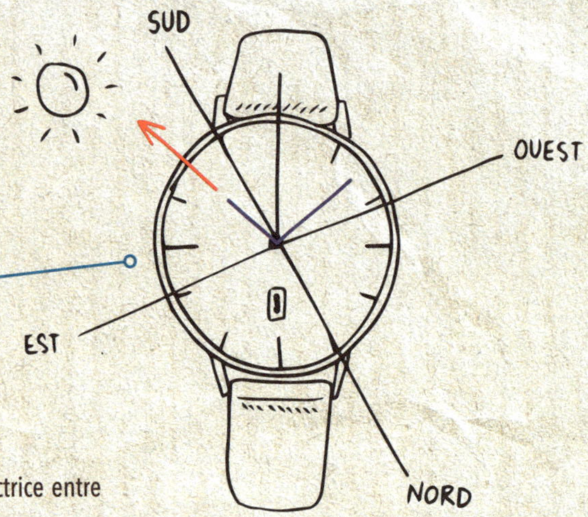

Dans l'hémisphère Sud

On pointe midi vers le soleil, et ainsi la bissectrice entre midi et la petite aiguille indique le nord.

Les techniques de déplacement

Les changements de température engendrent parfois des tempêtes de sable, avec des vents dépassant 120 km/h. Si vous êtes pris au piège, stoppez votre déplacement et abritez-vous (allongé), idéalement protégé par un obstacle naturel. N'oubliez pas de protéger votre nez et votre bouche, les particules de sable étant irritantes si vous les respirez.

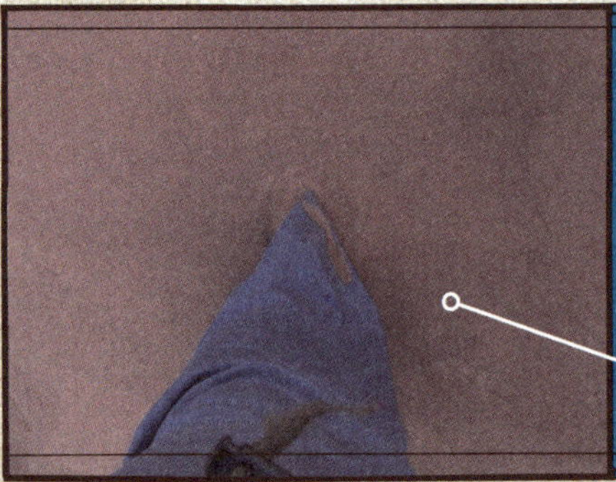

× Comment marcher dans le sable ?

Évitez de franchir des dunes en faisant des tracés tout droits : l'effort physique pour marcher dans le sable mou est très élevé ! Contournez les dunes. Ce sera plus facile de marcher dans un sable beaucoup plus dense.

Dans les dunes, l'effort est très soutenu.

× Les mirages

L'air chauffé à ras du sol provoque sa propre réverbération : de loin, on peut avoir l'impression de voir des objets brillants, tels des oasis. Essayez de trouver des points de vue surélevés ou attendez l'air un peu moins chaud du matin pour évaluer le paysage au loin.

SE DÉPLACER...
en moyenne montagne

En moyenne montagne, les dénivelés demandent un effort physique important. Vous devrez donc utiliser au mieux vos moyens topographiques pour économiser vos forces. Attention, ce type de biotope recèle de nombreux pièges (chutes de roches, conditions météorologiques...) et obstacles divers. Soyez prudents !

La navigation

× La triangulation

Si vous souhaitez connaître votre position sur une carte, la technique de la triangulation est très efficace, particulièrement en montagne, où la vue est suffisamment dégagée. Placez-vous sur une hauteur ou un espace avec un panorama permettant d'identifier trois points de repère, si possible largement espacés les uns par rapport aux autres.

1. À l'aide de la boussole, prenez en visée le premier point (par exemple, un château d'eau) en plaçant la flèche de direction dans l'axe de votre regard.
2. Tout en maintenant la visée sur le château d'eau, faites pivoter le cadran rotatif de la boussole pour aligner la cabane du nord avec l'aiguille pointant au nord.
3. Relevez le chiffre indiqué en regard de la flèche de direction. C'est l'azimut du château d'eau par rapport à votre position.
4. Prenez votre carte : tout en conservant le cadran positionné sur l'azimut, alignez la cabane du nord avec le nord de la carte (parallèlement au bord vertical, cabane du nord pointant vers le haut). Ne vous préoccupez pas de l'aiguille de la boussole pour l'instant. Faites coïncider le bord de la plaquette de la boussole avec le point remarquable initialement visé (le château d'eau, ici). Important : la cabane du nord doit rester bien parallèle au nord de la carte et veillez à ne pas faire tourner le cadran de la boussole.

⑤ Tracez un trait le long du bord de la plaquette.

⑥ Renouvelez les étapes 1 à 5 avec deux autres points remarquables.

Si vous êtes précis, les trois lignes tracées se rejoignent ou forment un triangle. Votre position est au centre de ce triangle.

Les techniques de déplacement

× Lire le terrain

À défaut de carte ou en situation dégradée, prenez le temps de « lire » le terrain avant d'envisager votre déplacement. La montagne est un milieu engagé et risqué. Une chute ou une ascension éprouvante peuvent mettre votre vie en péril.

Repérez les cols et les sommets et restez au maximum sur un tracé qui limitera le dénivelé : avancez dans un thalweg (le fond de vallée) ou en maintenant votre altitude. Si vous devez franchir un col, attaquez l'ascension de manière indirecte en faisant des lacets : la montée sera alors plus douce et progressive. Vous économiserez ainsi vos forces.

N'hésitez pas à faire demi-tour, si l'itinéraire choisi semble trop complexe, ou à prévenir des secours en attendant sur place, si votre état le nécessite : problème physique, évolution inattendue de la météo, retard ou doute sur l'itinéraire…

× Les dénivelés

Le risque de chute est présent en descente comme en montée. Le pas est donc particulier en montagne.

En descente, adoptez un pas lourd pour enfoncer profondément le talon, en tendant légèrement les jambes pour favoriser l'équilibre.

En pente forte, descendez face à la paroi, en enfonçant fortement le pied.

Les voies longues et trop pentues nécessitent impérativement une corde et du matériel spécifique (crampons, piolet). En montée, étudiez votre itinéraire depuis le bas, en faisant attention aux chutes de pierres ou de séracs. Veillez à ne déplacer qu'un membre à la fois, de manière à toujours avoir trois membres en contact avec la paroi.

SE DÉPLACER... en haute montagne et en milieu polaire

Les statistiques d'accidents ont augmenté : trop de personnes inexpérimentées risquent leur vie sur des terrains très techniques. Outre les risques environnementaux (avalanches, hypothermie, ours), le MAM (mal aigu des montagne) risque de vous atteindre. Voici les informations nécessaires pour vous déplacer dans ce biotope très particulier.

Ne vous aventurez pas en haute montagne ni sur un glacier sans formation préalable ou sans être accompagné par un professionnel ! Certaines manipulations de corde ne s'apprennent qu'auprès de spécialistes ou en école d'alpinisme. Soyez sûr de votre matériel, de votre technique et de vos capacités physiques.

La navigation

× La navigation avec les étoiles

Des techniques maritimes utilisent plusieurs étoiles pour déterminer une direction ou une position. Pour un voyageur à pied, les étoiles ont un gros avantage par rapport au GPS : elles ne craignent ni les problèmes de piles ni la casse !

Dans l'hémisphère nord : l'étoile Polaris (étoile Polaire)

L'étoile Polaris (étoile Polaire) vous indiquera le nord.

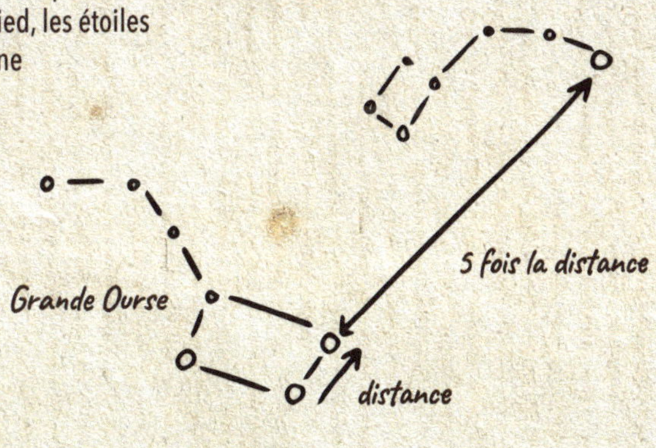

Technique

① Trouvez la Grande Ourse, qui a la forme d'une casserole.

② Déterminez la distance entre les deux étoiles qui forment le bout de la casserole.

③ Reportez 5 fois cette distance dans leur alignement et vous trouverez la fameuse étoile Polaire.

Cela semble complexe mais vous y arriverez facilement avec un peu d'entraînement.

Dans l'hémisphère sud : la Croix du Sud

C'est la plus petite des constellations. Plus difficile à trouver que l'étoile Polaire, elle est située entre le Centaure et la Mouche.

Mode d'emploi

① Trouvez la ligne formée entre Acrux et Gacrux.

② Suivez cette ligne sur 4,5 fois la distance entre ces deux étoiles. Vous tomberez alors sur un point indiquant la direction générale du sud céleste.

Cette méthode nécessite beaucoup d'entraînement.

Les techniques de déplacement

× La marche sur glacier

Progresser sur un glacier nécessite d'être encordé, de porter des crampons et de disposer d'un piolet. La corde doit être tendue et il faut au minimum 10 mètres entre deux personnes. La première personne peut sonder la neige, et la seconde peut l'assurer en cas de chute en crevasse.

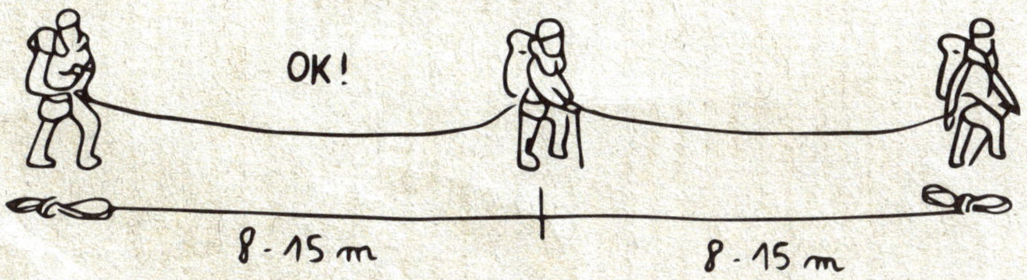

Pour vous encorder sur le baudrier, vous pouvez utiliser le nœud de huit directement sur le pontet du baudrier.

1. Faites un nœud de huit.
2. Passez-le dans le pontet.
3. Suivez le cheminement initial de la corde.
4. Refaites tout le suivi du huit initial.
5. Serrez bien le nœud de huit final.

× La descente en rappel

La descente en rappel classique nécessite l'usage de matériel spécifique (mousquetons, descendeurs, système d'assurage). En cas d'urgence, vous pouvez utiliser la technique du rappel de fortune. C'est particulièrement inconfortable et il faut absolument avoir un ancrage très solide (arbre, rocher) et prendre garde à ce que la corde ne se cisaille pas sur un élément saillant.

Technique

1. Passez la corde en double (les deux brins) entre les jambes.
2. Remontez-la sur la poitrine et l'épaule opposée.
3. Repassez la corde dans le dos.
4. Placez une main sur la corde derrière le dos et l'autre sur la corde tendue devant vous.
5. Laissez-vous partir en arrière, pieds écartés de 50 centimètres pour être stable. La main dans le dos permet de contrôler la vitesse de descente.

× Le cas des avalanches

Généralement, les avalanches ont lieu sur des pentes de 30 à 45° dans les heures suivant les chutes de neige. Elles sont provoquées par des changements de température, une vibration, les successions de couches de neige, etc. Privilégiez les zones ombragées, car la chaleur du soleil augmente les risques d'avalanche. Mieux vaut progresser sur la ligne de crête. Emportez toujours une balise GPS de secours, pour que l'on puisse vous retrouver.

× Le mouflage

Aux abords des glaciers ou en progressant sur la neige, vous pourriez croiser des crevasses. Parfois recouvertes de neige, ces ponts de neige peuvent céder à votre passage : il faut donc absolument être encordé. En cas de chute, vous devrez utiliser le système dit « de mouflage », afin de démultiplier la force de la personne qui doit procéder au secours. Ce système est complexe. Formez-vous avec des professionnels.

Mode d'emploi

Matériel

- ○ *1 corde dynamique*
- ○ *2 cordelettes*
- ○ *1 poulie autobloquante*
- ○ *6 mousquetons*
- ○ *2 sangles d'ancrage*

Les nœuds nécessaires au mouflage :

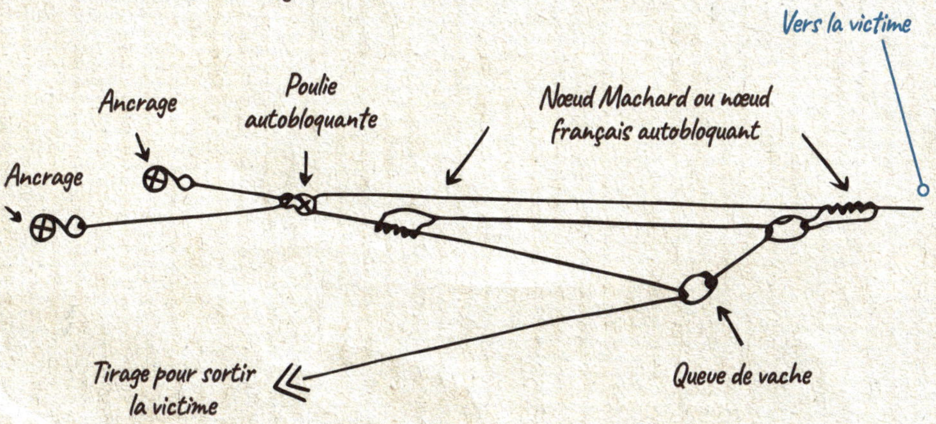

- Le nœud de pêcheur double sert à relier des cordes de diamètres différents ou identiques. Il sert ici à fermer vos deux cordelettes.

- La queue de vache pour relier le mousqueton.

- Le nœud français sert de nœud autobloquant, parfait pour s'autoassurer en descente en rappel : sous tension, il se bloque et il coulisse si on met la main dessus.

× Le relais

Le relais est votre point d'ancrage. Il peut s'agir d'un piolet enterré dans la neige ou de broches à glace. Il est le garant de votre sécurité. Mieux vaut être parfaitement sûr de sa solidité. Il sera utile pour descendre en rappel, pour sortir votre équipier d'une crevasse ou pour assurer en escalade.

L'abalakov est un relais de fortune, que l'on fait directement dans la glace, en passant une cordelette à l'intérieur. La glace doit être très résistante.

Respectez un angle de 60° pour la sécurité.

Utilisez un type de crochet adapté pour passer la cordelette.

Faites un nœud de pêcheur double (voir page 167) pour relier les deux bouts de la cordelette.

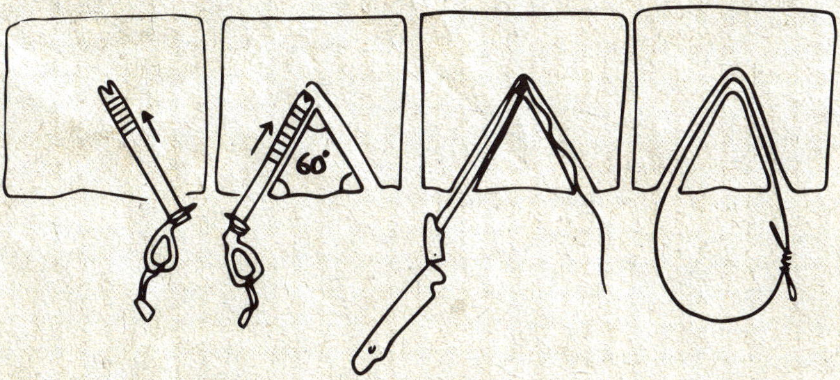

La technique du corps mort

La technique du corps mort peut se faire avec un ski ou un piolet. Il suffit de creuser dans la neige un trou (de 40 à 50 cm en fonction de la qualité de la neige) et une petite tranchée pour la cordelette ou la sangle.

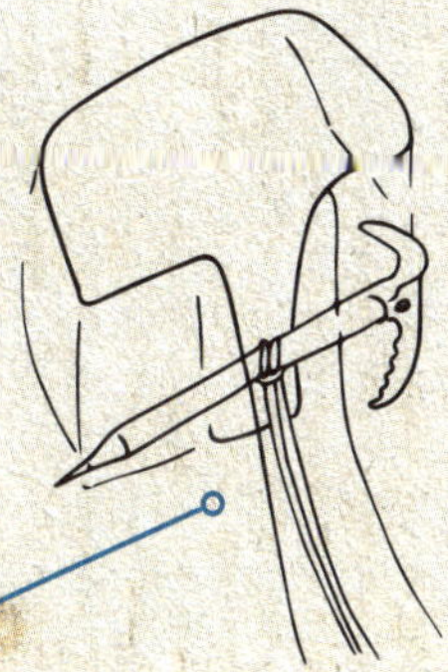

Relais avec piolet enterré dans la neige.

Les conseils de Maud

Avez-vous souffert de maux au cours de votre aventure Koh-Lanta ?

Hormis l'indigestion due aux coquilles de bernard-l'hermite, j'ai eu une côte cassée sur une épreuve, lorsque j'étais en équilibre précaire sur des taquets. J'ai fait mon aventure avec des chaussures de volley-ball, des chaussures de salle. À cause de la boue sous ces semelles bien trop lisses pour l'aventure, j'ai glissé et suis tombée. Je suis restée en boule et ai tenté de respirer. Le médecin m'a auscultée une fois le jeu terminé. L'essentiel est de ne pas avoir un pneumothorax. La côte était cassée. Mes mouvements étaient limités et nous étions à sept jours de la fin. Je voulais absolument tenir. Finalement, cette blessure m'a peut-être sauvée : n'étant pas perçue comme dangereuse, les aventuriers m'ont gardée ! Peut-être que cette côte cassée m'a évité l'élimination !

Avez-vous une anecdote sur l'hygiène, par exemple ?

Ce n'est pas la première chose à laquelle on pense, mais il ne faut jamais oublier de prendre soin de ses pieds ! Ils nous portent toute la journée ! Plus largement, l'hygiène porte sur les choses essentielles ou moins essentielles. Il faut se laver les dents pour éviter les caries et les infections buccales ; ce n'est pas que pour l'haleine. En guise de petit cure-dent, un bâtonnet de bois vert fera l'affaire. Il est possible de se laver les dents avec un mélange de cendre et d'eau, mais pas trop souvent (la mixture est très abrasive et pourrait à la longue abîmer l'émail des dents).
Alexandre (troisième rouge survivant après la réunification avec Cyril et moi) se frottait les dents avec la peau de la banane, conseil de son papa dentiste : blanchiment assuré !
Les oreilles chez moi furent une faiblesse et je dois avouer que je n'ai toujours pas compris ce qui se passait ! Une chose est sûre : toute partie du corps permettant un passage à l'intérieur de celui-ci (nez, bouche, zones intimes) doit être protégée et lavée ! Dans la mer ou, si besoin impératif, à l'eau claire…
Rester propre des pieds à la tête, c'est bien mais pas facile en survie. On ne peut pas passer trop de temps à cela, cependant il y a des priorités. Je ne prendrai jamais le risque de quitter une aventure pour une infection que j'aurais pu éviter.

Quels conseils donneriez-vous aux aventuriers pour se préserver au maximum ?

S'écouter ! Chacun a son curseur face à la douleur, l'effort, la faim. Nous n'avons pas tous les mêmes capacités de résistance ! En équipe, il est important de pouvoir se mettre à la place de l'autre, quand il ou elle dit que c'est difficile. Donner le meilleur de soi-même, avoir la fierté d'être allé(e) au bout, ne pas se comparer, c'est-à-dire être le meilleur non pas par rapport aux autres, mais par rapport à soi… À chacun son Everest.

SE SOIGNER

Les informations de ce chapitre ne sont pas exhaustives. Refaites régulièrement votre formation aux premiers secours.

À RETENIR

L'acronyme à mémoriser est **PAS** :

Protéger (vous-même, les autres, puis la victime), **A**lerter, **S**ecourir.

× Un bon secouriste est un secouriste vivant !

1. Quelle que soit la situation, avant d'envisager de porter secours à la victime, pensez à assurer votre propre sécurité.
2. Protégez la zone pour éviter tout suraccident.
3. Prévenez les secours ou faites-les prévenir. Le numéro à retenir dans toute l'Europe et de nombreux autres pays est le **112** : ce numéro est prioritaire sur les réseaux et fonctionne même sur un téléphone sans carte SIM ni abonnement. Mais attention, il faut avoir du réseau. N'espérez pas l'utiliser au fin fond de la jungle !
4. Mettez en œuvre les premiers soins sur la victime. Lors d'une expédition ou d'un séjour en milieu éloigné, les secours pourront mettre plusieurs heures, voire des jours, avant de venir prendre votre relais. Vous devez donc avoir un maximum de compétences pour parer à l'urgence, maintenir et conditionner une victime, et avoir une trousse médicale suffisante pour 24 heures minimum.

Avant de partir, vérifiez le numéro d'appel des secours en vigueur dans votre pays de destination et mémorisez-le.

Avant votre départ, consultez votre médecin traitant ou un service spécialisé en médecine des voyageurs.

Cette consultation est très vivement conseillée. En plus des vaccinations obligatoires, votre médecin pourra vous prescrire les traitements pour faire face aux désagréments sanitaires majeurs auxquels vous serez confronté.

SE SOIGNER... dans la forêt

Brûlures, morsures de serpents et de tiques... Voici les informations nécessaires pour y échapper ou y remédier. Côté hygiène, vous devrez apprendre à faire votre savon et votre dentifrice vous-même.

Prévention et premiers secours

× La brûlure

Vous éviterez les brûlures en faisant preuve de vigilance et en contenant des feux de taille modeste. Privilégiez les vêtements en textile naturel (coton, laine, fibre de bambou ou de bois...) qui ont une meilleure résistance aux braises volatiles. En cas de brûlure, qu'il s'agisse d'une simple rougeur (érythème), de quelques cloques (phlyctènes) ou de brûlures profondes avec nécrose de tissus, les soins à apporter à une brûlure seront toujours les mêmes : vous devez les refroidir.

La règle des 20

1. Sur la zone lésée : 20 secondes sous une eau à 20 °C à 20 centimètres de la plaie (pour éviter la moindre pression de l'eau).
2. Protégez ensuite avec un linge propre et demandez un avis médical.

Demandez systématiquement un diagnostic pour une brûlure située sur une zone critique (main, cou ou visage), étendue (plus d'un plat de main) ou circulaire (si la brûlure fait le tour du poignet ou d'un doigt).

En conditions dégradées

Si vous ne disposez pas de suffisamment d'eau pour laisser couler durant 20 secondes un filet sur la blessure, laissez tremper la brûlure dans une eau à température ambiante ou légèrement plus fraîche.

Si vous êtes vraiment en restriction d'eau, imbibez une compresse ou un linge propre et appliquez-le délicatement sur la brûlure.

Vous pouvez également vous procurer des compresses à base de gel d'eau conçues expressément pour cet usage. En expédition, mieux vaut en avoir toujours une ou deux dans sa trousse médicale.

⚠ N'appliquez rien d'autre que de l'eau et une protection sur une brûlure en première intention. L'application d'onguents magiques, de dentifrice, de beurre, de vaseline ou autre corps gras ne font qu'aggraver les brûlures !

× La tique

En forêt, votre pire ennemi est la tique. Ce petit insecte, de la taille d'une tête d'épingle (voire bien plus petit), est vecteur de nombreuses maladies, dont la tristement célèbre maladie de Lyme. Cette pathologie aujourd'hui incurable touche votre système nerveux, allant jusqu'à provoquer une paralysie. Selon les régions, 5 à 40 % des tiques sont infectées.

(Source : DESC Maladies infectieuses Yves Hansmann, Hôpitaux universitaires de Strasbourg.)

La tique est présente dans les sous-bois du début du printemps à la fin de l'automne. Dans les zones de fougères, les herbes hautes ou les branches basses, elle s'agrippe aux vêtements puis monte à la recherche de zones chaudes et humides, où elle mord.

Prévention

Portez des vêtements couvrants (manches longues et pantalon), fermés aux extrémités (chemise rentrée dans le pantalon, avec des élastiques aux chevilles et aux poignets) et imprégnés de perméthrine. C'est malheureusement la seule substance ayant fait ses preuves dans la répulsion des tiques. Il existe de nombreuses recettes à base d'huiles essentielles, mais aucune n'a prouvé son efficacité à 100 %. À votre retour, retirez rapidement vos vêtements et lavez-les directement pour éliminer les éventuelles tiques.

Après chaque sortie et toutes les 12 heures, inspectez-vous soigneusement. Portez une attention particulière à toutes les zones de plis : à l'aine, sous les bras, entre les orteils, derrière les genoux… Avoir un miroir dans sa trousse médicale est nécessaire. Si vous l'avez oublié, pensez à votre téléphone portable en mode « caméra frontale » pour vous inspecter vous-même. Les plus petites tiques peuvent ressembler à un grain de beauté ou à une grosse poussière.

Vous avez repéré une tique sur vous ?

Pas de panique, il suffit de la retirer avec du matériel adapté ! L'important est de ne pas la « stresser » pour éviter toute régurgitation : c'est en recrachant le sang qu'elle contient que la tique risque de vous contaminer.

Mode d'emploi

1. Avec une « pince tire-tique ». Tournez dans n'importe quel sens jusqu'à ce que la tique se détache d'elle-même.
2. Vérifiez que la tique a bien été ôtée en totalité et que le rostre ne reste pas sous la peau.
3. Désinfectez.

Ce modèle, doté d'une petite pince en plastique à son extrémité, est très efficace.

Attention aux nombreux lieux communs et croyances populaires ! N'appliquez rien sur la tique avant son retrait. Il est important de ne pas stresser la tique : n'appliquez pas de produits pour l'endormir ou l'étouffer, ni d'huiles essentielles ou de graisses. Ne la brûlez pas avant le retrait.

Après le retrait, vérifiez la zone de morsure durant plusieurs semaines. Il est normal qu'une petite rougeur façon piqûre de moustique survienne dans les 48 heures suivantes, mais l'apparition d'un érythème migrant (un placard rouge de plusieurs centimètres sur le pourtour de la morsure) doit vous alarmer : consultez un médecin rapidement. S'il apparaît, c'est que vous avez été contaminé, mais il est encore temps de vous faire prescrire une antibiothérapie adaptée.

Néanmoins, dans 50 % des cas de contamination à la borréliose de Lyme, aucun érythème n'est visible. Au moindre doute ou symptôme suspect dans les semaines qui suivent vos sorties sylvestres, demandez un avis médical en précisant votre passage récent en forêt.

Hygiène

× La toilette quotidienne

Pour assurer votre toilette quotidienne, et au moins l'hygiène de vos mains, emportez un petit morceau de savon d'Alep ou de Marseille. Plus respectueux de l'environnement que les lingettes jetables, ils sont efficaces sur les mains visiblement souillées, contrairement à la solution hydroalcoolique.

En l'absence de savon, fabriquez vos propres produits nettoyants sur le terrain.

- Faites fondre de la résine de sapin ou de pin (c'est l'antiseptique) et mélangez-la à de la cendre blanche (c'est le détergent).
- Extrayez la saponine issue du lierre. Prenez une brassée de feuilles de lierre grimpant et déchirez-la en morceaux pour faciliter l'extraction des sucs. Immergez-la dans 2 à 3 litres d'eau. Portez à ébullition et réalisez une décoction en laissant bouillir durant 2 minutes. Laissez ensuite infuser toute la nuit. Le lendemain, filtrez pour retirer les morceaux de végétaux et ne conservez que le liquide. Vous pouvez l'utiliser comme savon, shampoing ou lessive, mais sachez que certaines personnes sont sensibles au lierre, qui peut leur dessécher la peau et foncer les cheveux.

Le nettoyage des dents

1. Prenez un morceau de bois non toxique écrasé à son extrémité.
2. Ajoutez-y un peu de cendre blanche, détergente et légèrement abrasive. Mâchonnez.
3. Nettoyez la face avant des dents avec votre doigt en plus. Rincez-vous bien la bouche ensuite. Cette opération réduira les résidus alimentaires et maintiendra l'hygiène dentaire.

SE SOIGNER...
sur une île déserte

Voici les informations indispensables pour prévenir les risques liés à la mer, sans oublier les méduses ! Côté hygiène, vous apprendrez à fabriquer votre savon et à vous protéger du soleil avec les ressources locales.

Prévention et premiers secours

× La noyade

Avant toute activité en pleine mer, soyez réaliste et objectif sur vos capacités en natation. La nage en piscine chauffée est radicalement différente de la nage dans une mer agitée et fraîche. Certains courants invisibles sont traîtres. Vous devez savoir vous positionner dans l'effort et être capable de flotter en position verticale pour garder la tête hors de l'eau, mais aussi pour vous signaler.

En mer, on parle de noyade « primitive », par inhalation d'eau qui provoque l'inondation des voies aériennes. Il existe quatre stades de noyade :

Stade 1 : l'aquastress

La victime est choquée émotionnellement et épuisée, mais n'a pas inhalé d'eau en quantité. Elle sera réchauffée en attendant la prise en charge par les secours.

Stade 2 : la petite hypoxie

La victime est consciente, angoissée et elle a froid. Elle respire rapidement ou avec difficulté et est encombrée. Vous la réchaufferez en la gardant au calme. Si vous avez de l'oxygène disponible, vous pouvez lui en administrer en attendant les secours.

Stade 3 : la grande hypoxie

La victime est somnolente ou dans un coma agité, elle est cyanosée (lèvres et extrémités bleues), elle respire avec grandes difficultés. Vous devez la mettre en position latérale de sécurité, la couvrir et, si possible, lui administrer de l'oxygène. C'est une urgence vitale.

Stade 4 : l'anoxie

La victime est inconsciente et ne respire plus. Après libération des voies aériennes, vous devrez commencer une réanimation cardio-pulmonaire (massage cardiaque et insufflations/bouche-à-bouche). C'est une urgence vitale.

La survie dépend de plusieurs facteurs :

- la rapidité de mise en œuvre des gestes de premiers secours ;
- la durée de l'immersion ;
- la température de l'eau ;
- les éventuels traumatismes associés.

Les chances de survie varient de 90 % pour moins de 5 minutes d'immersion à 0,1 % pour plus de 25 minutes d'immersion.

(Source : Sécurisez votre plongée, *Ellipse.)*

× La chute dans l'eau depuis une embarcation

Si vous tombez à l'eau, vous risquez davantage de mourir d'hypothermie que de noyade. Dans une eau à 10 °C, le temps de survie est de 1 h 30 si vous êtes inerte, de 2 heures si vous nagez et de 4 heures si vous adoptez une des positions de sécurité suivantes :

La position HELP (*Heat Escape Lessening Posture* ou position de limitation de la perte de chaleur) nécessite le port d'un gilet de sauvetage : recroquevillez-vous, les bras serrés sur les côtés, cuisses serrées et genoux relevés pour protéger la région de l'aine de l'exposition au froid.

La position Huddle (en grappe) est réalisable si vous êtes à plusieurs (au minimum 3 personnes) : serrez-vous les uns contre les autres en vous faisant face.

× La diarrhée

Le changement d'alimentation, ainsi qu'une eau contenant des bactéries auxquelles l'organisme n'est pas habitué, peut provoquer une turista. Les symptômes sont des selles liquides et très fréquentes, jusqu'à 20 par jour et des maux de ventre accompagnés parfois de malaises vagaux.

CONSEIL DE L'AVENTURIER

Pour prévenir tout risque

- Conservez une hygiène des mains, surtout après avoir fait vos besoins, par exemple avec de la cendre blanche (voir la partie «hygiène» ci-après).
- Limitez l'ingestion de noix de coco fraîche, connue pour ses propriétés laxatives.
- Favorisez si possible une hydratation régulière, avec une eau que vous aurez rigoureusement fait bouillir.
- Évitez de consommer les poissons crus.

× Les envenimations par des méduses

Se déplaçant en bancs, parfois par milliers, les méduses sont souvent difficilement visibles à cause de leur aspect translucide. Le contact avec leurs filaments provoque des envenimations douloureuses, potentiellement mortelles suivant les espèces.

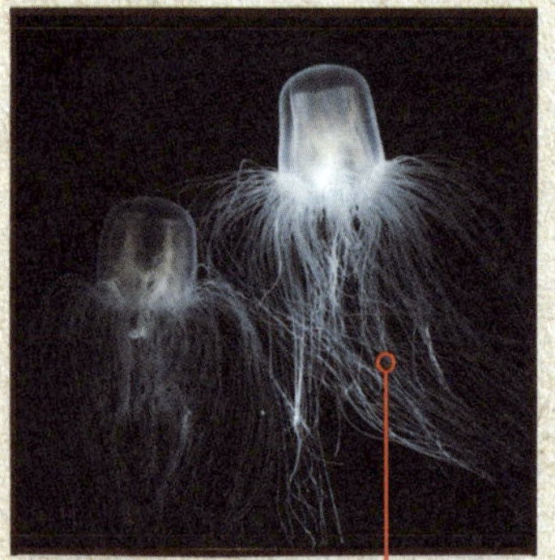

Certaines espèces comme la guêpe de mer possèdent 60 tentacules de 5 mètres de long qui délivrent une neurotoxine entraînant la mort en quelques minutes.

Dès le contact, vous sentirez une vive douleur à type de brûlure, qui sera suivie au bout de quelques dizaines de minutes par une éruption cutanée (zone rouge, chaude, gonflée, parfois avec des phlyctènes). Douleur, surprise et peur peuvent déclencher un malaise vagal.

Si vous pensez qu'il y a des méduses, évitez de plonger. Mais si vous n'avez pas le choix, mettez une combinaison en néoprène. C'est une protection suffisante pour éviter l'envenimation.

Comment aider quelqu'un qui a été brûlé par une méduse ?

1. Sortez la victime de l'eau et rassurez-la.
2. Rincez à l'eau de mer. N'utilisez pas d'eau douce, ni de vinaigre, ni d'urine (ces deux dernières ont une efficacité relative sur certains venins, mais peuvent en aggraver certains autres).
3. Retirez les filaments collés sur la peau, avec des gants en néoprène ou une pince.
4. Empêchez la victime de se gratter et ne pas frotter, car les filaments qui n'ont pas encore libéré leurs toxines pourraient alors éclater.
5. Appliquez un antiseptique et une crème calmante.
6. Consultez si l'aspect des lésions semble inquiétant, si la douleur persiste au-delà d'une heure ou si vous remarquez un signe d'aggravation.

Hygiène

× La cendre blanche : un substitut au savon

Pour votre toilette quotidienne, utilisez de la cendre blanche. Il suffit de former une pâte en la mélangeant avec de l'eau. Riche en potasse, c'est une substance assez détergente qui a tendance à sécher la peau. Le sable humide aide également à retirer des tâches ou des traces, en le frottant sur votre peau.

× La boue : une protection solaire

Le soleil n'est clairement pas votre allié en zone tropicale ou équatoriale. Il est nécessaire de vous protéger de ses rayons UV, même (et surtout) dans l'eau. Si vous n'avez plus d'écran total, enduisez-vous de boue : cette couche opaque limitera la pénétration des rayons UV.

× Les huiles végétales : coco, amande douce, macadamia...

Ce produit vous protégera des frictions, tiraillements liés au col, adoucira des lèvres gercées, facilitera un massage musculaire… Les huiles végétales ont toutes un indice de protection (IP) aux rayons UV du soleil. À savoir qu'un IP 2 stoppe 50 % des rayons UV, un IP 15 93 %, un IP 30 97 % et un IP 50 98 %. Les huiles sont cependant rapidement absorbées par la peau et ne procurent pas la protection longue durée d'une crème.

HUILE	Pépin de framboise	Germe de blé	Avocat	Olive	Coco	Macadamia	Ricin	Amande douce	Sésame	Argan
IP	20	20	15	8	8	6	6	5	2	0

Privilégiez les produits inertes pour la vie sous-marine afin de respecter l'environnement.

SE SOIGNER… dans la jungle

Les morsures de serpents seront le risque principal. Mais la jungle regorge d'autres dangers. Voici des clés pour vous préparer à ce biotope particulièrement redoutable.

Prévention et premiers secours

× Les morsures de serpent

En moyenne dans le monde, une personne est mordue par un serpent toutes les 6 secondes. Sur les 5,5 millions de personnes mordues par an, 125 000 en meurent. Le risque est faible si vous respectez les principes suivants.

- Évitez les déplacements de nuit.
- Ne marchez pas pieds nus.
- Faites du bruit, tapez des pieds pour faire des vibrations.
- Soyez vigilant lors de la collecte de bois mort.
- Ne tentez jamais d'attraper un serpent.

Le mamba noir, Dendroaspis Polylepis, est particulièrement dangereux.

Les trois principaux types de venin

- Les hémotoxiques : ils provoquent des troubles de la coagulation du sang.
- Les neurotoxiques : ils agissent sur les neurotransmetteurs et peuvent provoquer la mort par asphyxie.
- Les venins cytotoxiques : ils détruisent les cellules et les tissus à proximité de la morsure.

Il existe des catégories plus rares (cardiotoxiques, protéolytiques…) et certains serpents peuvent même combiner plusieurs catégories.

En cas de morsure, le processus de prise en charge variera suivant les symptômes, mais la première gestion restera la même.

La fourmi Paraponera
dite « balle de fusil ».

Les grands principes

- Il n'existe aucun serpent « minute » ou autre, capable de vous tuer en 10 secondes. En revanche, le risque de choc anaphylactique est bien réel (réaction allergique grave sur le corps humain).
- L'aspivenin n'a aucune utilité.
- On ne suce pas la plaie pour aspirer le venin.
- On ne fait pas saigner la plaie.
- On ne fait pas de garrot.
- On ne prend pas d'aspirine.
- On n'injecte pas d'héparine (parfois plus dangereuse que la morsure elle-même).
- Et on n'essaye pas de capturer le serpent, au risque d'être mordu à son tour.

Conduites à tenir en cas de morsure

- Restez calme et mettez-vous en sécurité, voire en position latérale de sécurité, pour éviter tout mouvement.
- Prévenez les secours.
- Vous pouvez couvrir le membre mordu par une bande, pas trop serrée (il ne s'agit pas de faire un garrot mais un pansement légèrement compressif). Enlevez vos montre, bague, etc.
- En cas de douleur intense, appliquez de la glace sur la zone touchée mais évitez les injections d'anticoagulants ou de corticoïdes.

× Autres morsures

Vous pouvez être attaqué par des mouches à feu, variétés de guêpes particulièrement agressives, ou par la fourmi « balle de fusil », dont la piqûre inflige une douleur proche d'une blessure par arme à feu. C'est surtout en cas de piqûres multiples qu'elles peuvent s'avérer dangereuses. Prudence, donc !

Principal risque en cas de piqûres multiples ou de morsures : le choc anaphylactique. Le corps fait une réaction allergique au venin, ce qui peut entraîner un arrêt cardiaque. Prenez l'avis d'un médecin au préalable, mais il peut être intéressant d'emporter un stylo d'adrénaline. Ce médicament est un puissant stimulant du système cardiovasculaire, car il contient de l'adrénaline. Cette hormone, normalement sécrétée par la glande surrénale, contracte les vaisseaux sanguins et accélère le cœur. Le stylo permet de se faire une injection intramusculaire dans la cuisse.

× Le paludisme

C'est une maladie parasitaire transmise par la piqûre du moustique anophèle femelle. Le parasite envahit le foie, d'où il s'attaque aux globules rouges qu'il fait éclater. La maladie entraîne fatigue, anémie, fièvre, et ceci au long terme, puisqu'une fois infecté, le malade déclenche des crises régulières tout au long de sa vie. Renseignez-vous sur les risques liés à votre zone géographique, et un médecin vous prescrira un traitement antipaludéen adapté, car il existe des résistantes selon la région. Le traitement est à démarrer avant votre départ, et à poursuivre après votre retour.

× La sangsue

Même si elle ne présente aucun danger, il est très désagréable de découvrir une sangsue accrochée sur soi. Pour prévenir les invasions, portez des vêtements longs, couvrants et serrés aux chevilles et aux poignets.

Pour vous en débarrasser, coupez-lui la tête ou approchez un corps incandescent (cigarette ou tison). Elle se décrochera seule. Désinfectez ensuite le point de morsure.

Hygiène

× La toilette quotidienne

Le climat chaud et humide favorise l'apparition de mycoses, de zones de friction et d'autres affections cutanées. Une hygiène quotidienne rigoureuse est donc nécessaire. Lavez en priorité les zones de macération, sous les plis, les pieds, les mains, l'ombilic, les parties intimes et les aisselles au savon doux, en rinçant soigneusement et en séchant bien. Si vous disposez d'une quantité d'eau restreinte, privilégiez du savon solide, type Marseille ou Alep. Il se rincera plus aisément.

× Terre, boue et argile contre les insectes

Pour vous protéger des piqûres d'insectes, recouvrez votre peau d'une couche de terre humide, de boue ou d'argile, afin de former une pellicule protectrice. Cette couche sera une barrière contre la piqûre de bon nombre de petits insectes. Sinon, une huile végétale assurera une protection de fortune en rendant votre peau collante : les insectes ne s'y aventureront pas ou se retrouveront englués.

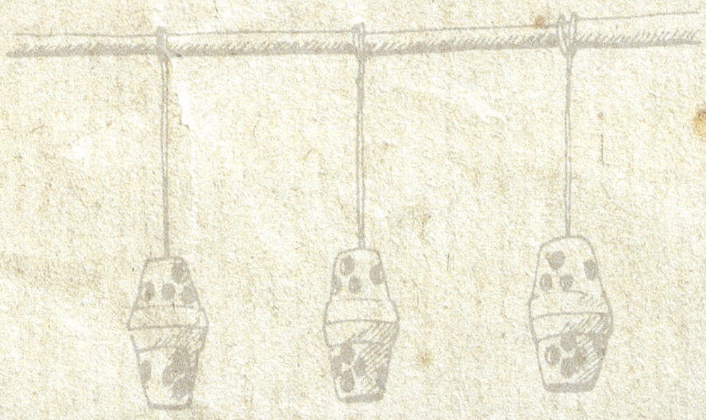

SE SOIGNER...
dans le désert

Vous devrez faire face aux risques de déshydratation, de coup de soleil voire d'insolation. Des précautions seront à prendre pour éviter les piqûres de scorpions et les ampoules, à ne pas négliger.

Prévention et premiers secours

× La déshydratation

Pour éviter une déshydratation, limitez la perte d'eau en régulant votre température le mieux possible et en limitant tout effort physique au minimum nécessaire.

Une déshydratation peut survenir en quelques heures. Une déshydratation importante est une urgence médicale et nécessitera la prise en charge par une équipe de premiers secours. Passé un certain stade, la victime ne sera plus capable d'avaler de l'eau, car la déglutition provoquera un réflexe vomitif. Prévoyez du soluté de réhydratation dans votre trousse de secours. Il s'agit d'une poudre que vous additionnerez à l'eau et qui maximise son absorption par l'organisme.

Vous pouvez constituer votre propre solution de sels de réhydratation orale avec :

- ½ cuillère à café de sel
- 2 cuillères à soupe de sucre (cristallisé ou en poudre)
- 1 litre d'eau potable

× Le coup de soleil

Le coup de soleil est en fait une brûlure au premier degré (voire plus selon la gravité). Traitez-le comme tel. Il peut parfois engendrer une allergie au soleil qui se manifeste par l'apparition de petites papules sur les zones découvertes. Durant les 8 à 10 jours suivant un coup de soleil, stoppez toute exposition et protégez-vous avec un écran total.

× L'insolation

C'est un coup de chaleur couplant coups de soleil et déshydratation. Les signes sont nombreux : sensation de malaise, vertiges, maux de tête, nausées, rougeur ou pâleur du visage, fatigue importante et, pour les cas graves, confusion mentale. La première prise en charge consiste à rester à l'ombre, au frais, au calme et à boire pour se réhydrater.

× Les scorpions

Les plus gros ne sont pas les plus dangereux. Le plus souvent, petites pinces et grosses alvéoles de queue sont signe d'un scorpion potentiellement dangereux pour l'homme.

Évitez de marcher de nuit, prenez garde en collectant le bois et, si vous avez une lampe à ultraviolet, inspectez votre camp. Cette lampe est très efficace pour les repérer. Attention aux chaussures, suspendez-les toujours avec l'ouverture vers le bas, sur un bâton, pour éviter de trouver des scorpions à l'intérieur au petit matin. Inspectez toutes vos affaires… un mauvais ami pourrait s'y cacher !

CONSEIL DE L'AVENTURIER

Que faire en cas de piqûre ?

Le venin est thermolabile, c'est-à-dire qu'il se dégrade en présence de chaleur : utilisez une allumette, une cigarette, une braise… puis approchez-la de la piqûre sans contact direct, le but étant de chauffer sans se brûler. La chaleur diminuera les effets des toxines sur l'organisme.

Hygiène

× La toilette quotidienne

Comme dans les autres environnements, la toilette quotidienne préviendra des affections cutanées les plus courantes. L'omniprésence du sable rend ce moment d'autant plus important, et vous serez ravi de vous débarrasser des grains de sable inconfortables.

× Les ampoules (ou phlyctènes)

Un grain de sable qui vient contre le talon ou des chaussures inadaptées, c'est l'ampoule assurée ! Traitez-la rapidement pour supprimer la douleur qu'elle provoque.

Pour l'éviter, prenez des chaussettes une pointure plus petite que vos chaussures afin de limiter les plis. Il existe des chaussettes spécifiques anti-ampoules. Vous pouvez aussi vous équiper de petites guêtres sur les chaussures, qui limiteront l'invasion du sable. À la moindre sensation d'échauffement, mettez en place un pansement seconde peau hydrocolloïde.

Si l'ampoule est déjà là, percez-la en préservant au mieux la peau. Prenez une aiguille stérile ou stérilisée par la chaleur et percez à deux endroits différents pour faciliter l'évacuation du liquide à l'intérieur. Laissez ensuite à l'air libre ou couvrez d'un pansement seconde peau si vous devez vous rechausser.

SE SOIGNER…
en moyenne montagne

Le mal aigu des montagnes, imprévisible, sera le risque majeur de ce biotope. L'hygiène quotidienne devra être rigoureuse pour éviter les mycoses causées par la transpiration et la macération.

Prévention et premiers secours

× Le mal aigu des montagnes

Redouté par tous les amoureux de montagne, le mal aigu des montagnes est imprévisible. Il est lié à l'augmentation de la pression en altitude et à la diminution de l'oxygène, habituellement au-delà de 2 500 mètres.

Pour limiter le risque de mal aigu des montagnes, respectez rigoureusement les périodes d'acclimatation.

Si l'on monte trop vite sans respecter de paliers, l'organisme n'arrive pas à s'adapter à ces changements et les premiers symptômes apparaissent : maux de tête, fatigue, essoufflement et vomissements. Si l'on continue l'ascension, le phénomène s'aggrave, de nouveaux signes surviennent (anorexie, insomnie, désorientation ou hallucination). Cela peut entraîner la mort en quelques heures, des suites d'un œdème pulmonaire ou cérébral.

Il y a trois stades avec des prises en charge différentes.

	SIGNES	CONDUITE À TENIR
STADE 1	Maux de tête soulagés par des antalgiques de type paracétamol	Respecter les paliers : au-delà de 3 000 m, 400 m maximum entre deux nuits consécutives
STADE 2	Maux de tête résistants aux antalgiques et signes annexes	Arrêt de l'ascension Antalgiques Hydratation
STADE 3	Difficulté respiratoire au repos et troubles annexes	Descente en urgence absolue Caisson hyperbare

Source : *Petit manuel de médecine en montagne* d'Emmanuel Cauchy.

Pour prévenir ce risque, votre médecin peut vous prescrire un traitement préventif à débuter deux jours avant l'ascension.

× L'hypothermie

Pour les symptômes et la prise en charge de l'hypothermie, rendez-vous au chapitre « Se chauffer ».

× L'entorse

Liée à l'élongation d'une articulation à la suite d'un faux mouvement, l'entorse peut être grave et particulièrement douloureuse, comme une fracture. En montagne, c'est généralement l'entorse de cheville qui survient. Sur le terrain, vous ne pourrez que difficilement juger de la gravité d'une entorse.

Voici les premiers soins à appliquer, quel que soit le type d'entorse, à partir du moment où elle est douloureuse et invalidante.

- Faites un bandage légèrement compressif pour maintenir l'articulation et limiter le mouvement ;
- Refroidissez l'articulation avec une poche de glace, par exemple, ou en la trempant dans une eau fraîche ;
- Évitez de poser le pied ou de solliciter la cheville. Si la victime peut poser le pied au sol, laissez sa chaussure en place. Elle fait parfois office d'attelle. Et en la délaçant, vous pourriez favoriser l'apparition d'un œdème.

Hygiène

× La toilette quotidienne

La transpiration liée à l'effort physique rend l'hygiène quotidienne indispensable. Profitez de ce moment pour inspecter toutes les zones de friction, en particulier sous les bretelles du sac à dos, la ceinture abdominale, les hanches ou les chaussures, à la recherche de rougeurs, annonciatrices de blessures à venir. Si vous êtes sujet à ce genre de blessures, sachez que des crèmes antifriction existent.

× Gare aux mycoses !

Avec la transpiration et la macération, des mycoses peuvent apparaître. Ces rougeurs, souvent situées au niveau des plis, en particulier entre les orteils, engendrent parfois des coupures et des crevasses. Sans soin, elles peuvent évoluer en « pied de tranchées » (la peau se fripe, devient blanchâtre et très douloureuse) ou en « loup » (aux plis de l'aine, généralement chez les hommes).

Pour prévenir le risque de mycose, changez régulièrement de chaussettes, pour qu'elles soient sèches. Laissez respirer vos pieds à l'air libre en fin de journée et conservez une paire de chaussettes sèches pour la nuit. En maintenant vos pieds au sec 6 heures par jour (y compris la nuit), vous limitez le risque d'évolution. Vous pouvez également vous sécher les pieds au talc ou utiliser des antimycosiques sur avis médical. Les plaques seconde peau de type hydrocolloïdes se révèlent d'une grande efficacité.

SE SOIGNER...

en haute montagne et en milieu polaire

Dans ce milieu extrême, les risques seront multiples : la rencontre avec un ours polaire (3 mètres pour 500 kilos !), l'onglée, les gelures, l'ophtalmie des neiges... Prudence, donc !

Prévention et premiers secours

× Les attaques d'ours polaires

La faim engendre une forme d'agressivité importante, surtout chez les femelles, qui chercheront à retourner votre campement en quête de nourriture. Sachant que leur odorat leur permet de sentir de la nourriture à plus de 8 km, il vous faudra idéalement être armé, au moins d'un pistolet tirant des fusées éclairantes. Certains pays nordiques exigent d'ailleurs le port d'un fusil pour se prémunir des attaques d'ours dans les lieux isolés.

Là encore, rien ne vaut la prévention : séparez votre zone de bivouac de votre zone de repas, éloignez toute source de nourriture, vos stocks ou vos restes alimentaires, y compris vos pastilles à la menthe ou votre dentifrice, en les rangeant dans un sac, à 50 mètres de votre zone nuit. Faites de même avec vos déchets et vos latrines. Les cloches à ours, utilisées sur le continent américain pour prévenir l'animal de notre présence (et éviter de le surprendre), n'ont qu'une utilité limitée sur l'ours polaire. Soyez à l'affût des traces dans la neige pour éviter sa présence.

× L'onglée

L'onglée n'est pas une pathologie à proprement parler, mais c'est la douleur que peut provoquer la revascularisation des extrémités après un froid intense. La douleur est sourde et fait perdre totalement l'usage des mains durant plusieurs minutes, voire des dizaines de minutes. C'est sans aucune gravité.

× Les gelures

La morsure du froid peut provoquer des gelures aux extrémités (doigts, orteils, oreilles, nez, pommettes). Elle débute par une perte de sensibilité. Les doigts sont alors blancs et froids. Sans prise en charge rapide, elle peut aller jusqu'à la nécrose (c'est-à-dire la mort des tissus) et l'amputation des segments concernés.

Trempez les extrémités gelées dans un bain chaud de 38 à 40 °C (plongez votre coude pour vérifier la température) durant 1 heure, si possible en y ajoutant un antiseptique. Buvez des boissons chaudes pour participer au réchauffement global.

Après ce bain, fiez-vous au niveau de sensibilité de vos extrémités pour prendre les mesures adaptées.

Stade I : si la sensibilité revient, c'est que vous pouvez reprendre l'activité. Soyez prudent, c'était une première alerte.

Stade II : si la sensibilité ne revient pas, et que les extrémités restent violacées, restez au chaud, stoppez provisoirement l'expédition, soignez les éventuelles lésions associées comme des plaies ou des ampoules.

Stade III : si la sensibilité ne revient pas et que l'ensemble des doigts reste bleu ou violacé, continuez à réchauffer dans un bain d'eau chaude et rendez-vous immédiatement dans un hôpital. Le risque d'amputation est important.

Stade IV : si la sensibilité ne revient pas et que l'aspect violacé ou bleu remonte sur la main ou le pied, réchauffez, évacuez en urgence vers un hôpital et retirez les chaussures à cause du risque de gonflement. Le risque d'amputation est majeur.

× L'ophtalmie des neiges

La réverbération des UV sur la neige ou la glace peut provoquer une brûlure de la cornée. Le port de lunettes aux verres solaires de niveau de protection 4 (100 % des UVA et UVB filtrés) est la meilleure prévention.

L'ophtalmie ne se fait sentir qu'après plusieurs heures, généralement le soir, et s'accompagne d'une sensation de gêne, de grain de sable dans l'œil, qui s'accentue progressivement. La douleur devient très forte, et rien ne peut la soulager. Il est alors nécessaire d'observer 24 à 48 heures de repos total, avec une luminosité amoindrie.

Hygiène

Assurer une toilette, même sommaire, est une épreuve en milieu polaire. Mais elle reste nécessaire : être propre et débarrasser la peau des sels issus de la transpiration vous aidera à limiter la morsure du froid. Les sels présents sur la peau retiennent un faible pourcentage d'humidité. Nous avons vu que l'humidité majorait la température ressentie. Si vous êtes propre, vous vous réchaufferez mieux : voilà de quoi vous motiver !

TIME
SURVIE

EN CONCLUSION, MAUD ?

À vous d'envoyer un message dans une bouteille pour les futurs aventuriers. Qu'inscrivez-vous sur le parchemin ?

« Donne le meilleur de toi-même, va jusqu'au bout, et tâche de rendre le monde plus beau que tu ne l'as trouvé. »
Comme nous sommes dans le cadre de Koh-Lanta, on le sait, il y aura des éliminations. Sur celles-ci, tu n'auras pas toujours d'emprise… alors vis ton aventure À FOND, profite de chaque journée, heure, minute et – chaque fois que cela sera possible – prends le temps d'aider les gens de ta tribu. Ensuite, le plus vite possible, enlève ce D du verbe « aider » et mets un M à la place !
Aimer les gens, leur laisser leur place, être utile, respecter l'autre, mettre en confiance. Ces valeurs permettent aussi d'aller loin et de vivre quelque chose de magnifique. Depuis Koh-Lanta 2019, j'ai vingt nouveaux KOH-PAINS, nous sommes devenus une grande famille.

Un dernier mot ?

Pour moi, une aventure – telle la boussole et ses quatre points cardinaux – doit relier quatre valeurs : le social, le dépassement de soi, le respect de la nature et le « kif » !
La soif d'aventure n'est que le début. Ensuite, quand on a soif, il faut choisir le breuvage. Ma deuxième moitié de vie a commencé de la meilleure manière et… m'a été offerte par mes enfants (ils m'ont inscrite). Ce n'est qu'un début !
J'ai encore envie de tellement de choses, de traverser le pôle Nord, parcourir le désert, gravir les sept sommets, partir en Mongolie, découvrir l'Amazonie… partout où il y aura du vrai, de la nature et de l'espace.
Un projet est déjà sur les rails : l'ascension de l'Everest avec Cyril pour 2021. Il m'était impossible de ne pas partager ce rêve avec lui. Je lui dois en grande partie ma victoire. De son côté, il m'avait demandé de lui faire découvrir l'alpinisme : il m'accompagnera jusqu'au au camp de base 1.
Tant de personnes veulent gravir cette montagne. Koh-Lanta m'a permis de tenter l'expédition.
J'ai toujours voulu donner du sens à cette ascension : respect de la nature et action sociale. J'ai rencontré Marion Chaygneaud-Dupuy, lauréate du prix « Terre de Femmes » en 2019 qui a développé Clean Everest à Lhassa, où elle vit, et qui paie les sherpas pour qu'ils nettoient le toit du monde. (Merci à ALP de son soutien pour cette bonne cause.)
Côté social, je soutiens Cap 48, une association en Belgique qui vient en aide aux personnes handicapées. Cela rappelle les 8 848m de l'Everest : les 48 derniers sont les plus durs. J'espère pourtant réussir à récolter 8 848 € !
Je n'arriverai peut-être pas au sommet. Comme dit le Dalaï-Lama: « Le bonheur n'est pas forcément au bout du chemin, c'est le chemin. »

Illustrations :

Studio Hörtie

Crédits photos :

p. 2 : © Hervé Canon (haut), © Damien Lecouvey (bas) ; p. 23 : © Éléonore Lluna ; p. 29 : © AdobeStock/Kylie ; p. 35 : © AdobeStock/Sahara Nature ; p. 38 : © Lam's pic ; p. 46 : © Alex Corroy ; p. 49 : © Éléonore Lluna ; p. 51 : © Éléonore Lluna (noix de coco), © AdobeStock/ohira02 (bambou), © AdobeStock/Marylène (bananier), © AdobeStock/ijp2726 (pandanus) ; p. 53 : © Éléonore Lluna ; p. 55 : © Dominique Granger ; p. 57 : © Dominique Granger ; p. 60 : © AdobeStock/ kokotewan (cactus baril), © AdobeStock/picoStudio (figuier de barbarie), © AdobeStock/anni94 (melon du Namit) ; p. 63 : © AdobeStock/ duncanandison ; p. 67 : © AdobeStock/far700 ; p. 75 : © Éléonore Lluna ; p. 77 : © Damien Lecouvey ; p. 78 : © Éléonore Lluna ; p. 79 : © Éléonore Lluna ; p. 81 : © Xavier Meloni ; p. 82 : © Damien Lecouvey ; p. 83 : © Éléonore Lluna ; p. 87 : © AdobeStock/ Ralf Kleemann (haut) ; © AdobeStock/Vladimir Melnik (bas) ; p. 89 : © AdobeStock/Franz Boquet ; p. 91 : © Lam's pic ; p. 106 : © Lam's Pic ; p. 107 : © Francisco Arias ; p. 112 : © Dominique Granger ; p. 113 : © Dominique Granger ; p. 116 : © Xavier Meloni ; p. 117 : © Damien Lecouvey ; p. 121 : © Damien Lecouvey ; p. 127 : © AdobeStock/Melica (ortie), © AdobeStock/Eugene Sergeev (pissenlit) ; p. 128 : © AdobeStock/Orest Lyzhechka (plantain), © AdobeStock/Pascal Huot (fougères), © AdobeStock/Dmitry Potashkin (cynorhodon) ; p. 129 : © AdobeStock/motivjaegerin1 ; p. 130 : © Éléonore Lluna (noix de coco), © AdobeStock/Igor Luschay (pandanus) ; p. 131 : © AdobeStock/New Africa, © AdobeStock/khemfoto ; p. 132 : © Éléonore Lluna ; p. 134 : © AdobeStock/Simon Trabuc (palmier), © Dominique Granger (cacaotier) ; p. 135 : © Dominique Granger ; p. 136 : © Dominique Granger ; p. 137 : © Dominique Granger ; p. 138 : © Dominique Granger ; p. 139 : © AdobeStock/Ale (figue de Barbarie), © AdobeStock/hanohiki (agave), © AdobeStock/eross (dattier) ; p. 140 : © AdobeStock/KHBlack (acacia) ; © AdobeStock/Adrienne (palmier); © AdobeStock/KingmaPhotos (melon du désert) ; © AdobeStock/Nattapol_Sritongcom (pain de singe) ; p. 142 : © AdobeStock/PIXATERRA ; p. 143 : © Damien Lecouvey ; p. 148 : © Valentin Lam ; p. 151 : © Valentin Lam ; p. 154 : © Éléonore Lluna ; p. 156 : © Damien Lecouvey ; p. 158 : © Dominique Granger ; p. 160 : © Damien Lecouvey ; p. 165 : © Damien Lecouvey ; p. 167 : © Damien Lecouvey ; p. 168 : © Damien Lecouvey ; p. 174 : © Éléonore Lluna ; p. 177 : © AdobeStock/tgordievskaya ; p. 178 : © AdobeStock/ Duangkamon ; p. 180 : © Damien Lecouvey ; p. 181 : © Dominique Granger ; p. 190 : © Lam's pic.

Direction : Jean-Louis Hocq

Direction éditoriale : Corinne Cesano

Édition : Iris Odier

Interview de Maud : Adeline Bonnet

Conception graphique et réalisation : Antartik

Fabrication : Céline Premel-Cabic

92, avenue de France – 75013 Paris

ISBN : 978-2-263-16944-1

Dépôt légal : septembre 2020

Code éditeur : L16944

Imprimé en Espagne